EL UNIVERSO DE MAXWELL

Rodolfo Arturo Echavarría Solís

A mis hijos:

Rodolfo, José Luis y Gabriel Arturo.

Que el pasado ilumine su futuro.

CONTENIDO

Capítulo	Página
1. Los orígenes	7
2. Frankenstein y la pila eléctrica	15
3. El aprendiz	23
4. El hombre que lo cambió todo	33
5. El hombre que quería ser profesor	39
6. El profesor	43
7. El señor de las series	47
8. El hombre lógico	51
9. La guerra de las corrientes eléctricas	55
10. Entrega inmediata	65
11. La voz en el aire	71
12. La voz en el cable	77
13. Música en el aire	83
14. La computadora que ganó la guerra	89
15. Pequeño gigante: el transistor	95
16. El viaje de los electrones	105
17. Los teoremas eléctricos	115
18. Las imágenes en el aire	121
19. El mexicano	131
20. La luz electrónica	135
21. La luz fantástica	139
22. Las nuevas energías	145
23. La otra electrónica	151

1. LOS ORÍGENES

El hombre ha estado en contacto con la electricidad –en las acepciones de una propiedad de la materia o una forma de energía– desde los tiempos en que vivía en las cavernas, aterrorizado por el destello y estruendo de los rayos, mientras pensaba que sus dioses estaban enojados. Pero en la acepción de la electricidad como la parte de la física que estudia los fenómenos eléctricos podemos decir que tenemos sólo unos siglos en contacto con ella.

En un lapso igual a doscientos años –contados a partir del desarrollo de la pila de Volta– hemos pasado de ver a la electricidad como una simple atracción de feria sin aplicación alguna, a colocarla como la base del desarrollo de nuestra civilización. De aquella pila de discos a las modernas computadoras hay un intervalo muy breve (en relación con el tiempo que nos tomó establecer las primeras civilizaciones).

En este capítulo comentaremos acerca de los primeros descubrimientos sobre la electricidad –anteriores al desarrollo de la pila eléctrica–, desde los tiempos de la antigua Grecia hasta la domesticación del rayo, en las colonias inglesas de América.

GRECIA

De acuerdo a la mitología griega, Faetón, el hermoso hijo de Apolo –dios del Sol–, le solicitó a su padre que le permitiera conducir su carruaje de fuego. Después de mucha insistencia Apolo aceptó, pero al momento en que Faetón tomó las riendas, perdió el control de los caballos y empezó a elevarse demasiado con lo que la Tierra se enfrió, para después bajar y acercarse a la Tierra con lo cual se quemaron las ciudades, e incluso formó los desiertos en África.

Con el fin de detenerlo, Zeus le lanza un rayo, y Faetón cae muerto. Sus hermanas –las Helíades– lo lloraron desconsoladamente, así que Zeus las convirtió en Álamos y a sus lágrimas en ámbar.

Con esta resina de ciertos árboles, el ámbar, inicia el contacto del hombre con la electricidad. Hace más de dos mil años los griegos descubrieron que cuando se frota el ámbar es capaz de atraer hojas y plumas. No se tiene registro de quién lo descubrió –quizás un niño o un marinero mientras descansaba en algún puerto griego–, pero el primero que registra el hecho y lo repite sistemáticamente para anotar sus observaciones es Tales de Mileto.

Tales nació en la ciudad griega de Mileto (en la actual costa occidental de Turquía) alrededor del año 600 a.C., y estudió con los grandes maestros de Egipto y Babilonia (quizás fueron ellos quienes le enseñaron las propiedades del ámbar). Fue un gran filósofo y astrónomo griego, de quien no se conservan ninguno de sus trabajos, pero se tienen referencias de él debido a diversos filósofos de la antigüedad que lo citan.

EUROPA

Durante dos mil años el único registro que se tiene de la electricidad es el relativo a las observaciones de Tales de Mileto. Es hasta el siglo XVI cuando, en plena lucha por la supremacía de los mares entre España e Inglaterra, William Gilbert realiza los siguientes experimentos.

William Gilbert nació en Colchester, Inglaterra, el 24 de mayo de 1544; realizó investigaciones sobre la electricidad, así como del campo magnético de la Tierra, además de que era el médico personal de la reina Elizabeth I. Los resultados de sus investigaciones están reunidos en su obra "De magnete". Otra de sus contribuciones, con la cual es recordado hasta el día de hoy, consistió en acuñar el término "eléctrico", el cual tomó de la palabra en griego para el ámbar: "electrón".

Como lo comentamos, Inglaterra buscaba ser la principal potencia marítima del mundo –algo que consiguió–, por lo que cualquier contribución a la navegación y el uso de la brújula era bienvenida. Por lo tanto, Gilbert es invitado a mostrar sus descubrimientos a la reina, y a los piratas Walter Raleigh y Francis Drake (nombrados caballeros gracias a sus contribuciones al Imperio británico). La reina Elizabeth I falleció en marzo de 1603, y su médico poco tiempo después, el 10 de diciembre de ese mismo año.

Las investigaciones sobre electricidad hasta esa época habían sido sobre electricidad estática, es decir, sólo cargas sin movimiento. El siguiente paso lo da un tintorero nativo de Canterbury, Inglaterra (sede de la Iglesia Anglicana y de su majestuosa catedral): Stephen Gray, quien nació en diciembre de 1666. Hijo de una familia dedicada a la tintorería, pero preocupada porque su hijo tuviera acceso a una buena educación.

Además de ganarse la vida como tintorero, Gray destaca en latín y astronomía, y se vuelve amigo del astrónomo real de Greenwich. En 1707 es contratado por el Trinity College para trabajar en su nuevo observatorio. Realiza diversas contribuciones en astronomía, pero en 1715 da un giro a su trabajo científico cuando empieza a investigar sobre la electricidad.

Su gran contribución a la ciencia la da en 1729 cuando prueba que la electricidad no sólo puede ser almacenada, sino que también puede viajar a través de un material conductor. Mediante el uso de un hilo de metal, logra transmitir electricidad a una distancia de 15 metros, y en junio de ese año, al realizar sus experimentos en la finca de un amigo, logra transmitir el flujo eléctrico a una distancia de 230 metros.

Además, realizó investigaciones sobre las propiedades de distintos materiales, y encontró que algunos –los metales, por ejemplo– transmitían muy bien la electricidad (conductores), mientras que otros no lo hacían (aislantes).

Un experimento muy interesante que realizaba Gray –el cual se volvió una atracción de feria y fue reproducido muchas veces– era "el niño electrificado", el cual consistía en suspender de un marco de madera a un jovencito, completamente envuelto en tela aislante –excepto su cara, sus manos y los dedos de sus pies–. Al momento de que Gray tocaba sus dedos de los pies con una varilla de vidrio electrificada, los montículos de hojas y plumas, que se encontraban debajo de su cara y manos, se elevaban como por arte de magia.

Se conservan pocos datos sobre la vida de Gray, pero a partir de éstos, se puede deducir que nunca fue un hombre rico, ya que incluso vivió mucho tiempo en la Cartuja de Londres, la cual funcionaba como escuela para niños pobres, así como hogar de asistencia para caballeros que habían caído en desgracia. Falleció el 7 de febrero de 1736.

El siguiente avance en el estudio de la electricidad se dio en la ciudad de Leyden, Holanda, en 1746, en el laboratorio del profesor Pieter van Musschenbroek; ocurre de forma accidental, y lo lleva a cabo un amigo del profesor, el abogado Andreas Cuneas; cuando éste se encuentra de visita en el laboratorio toca involuntariamente un alambre colocado en un frasco con agua, el cual era de vidrio, y estaba electrificado. Al instante recibe una fuerte descarga eléctrica, que lo deja impactado física y emocionalmente.

Al investigar este fenómeno descubren que es posible almacenar energía eléctrica en un dispositivo formado por una jarra de vidrio y cubierta metálica. A este dispositivo lo llamaron la "botella de Leyden" –en honor a su ciudad– y es el antecesor de los modernos condensadores eléctricos.

AMÉRICA

Benjamin Franklin nació el 17 de enero de 1706 en la Colonia de la Bahía de Massachusetts, perteneciente a las colonias inglesas en América (hoy Boston, Estados Unidos de América). Fue un científico que investigó sobre diversos temas, entre ellos la electricidad, además de ser escritor, político e inventor.

En 1744 asiste en Boston a una presentación de "el niño electrificado", y queda enganchado en el tema, por lo que pide material y equipo a Inglaterra para iniciar sus investigaciones en electricidad.

Franklin quería demostrar que la chispa y la descarga que producía la electricidad almacenada en una botella de Leyden, en su laboratorio, y la energía que liberaba el rayo, eran el mismo tipo de fenómeno. Por lo tanto, en 1752, mientras se aproximaba una tormenta, sale –junto con su hijo– a campo abierto a volar una cometa, que controlaba mediante un hilo metálico, al cual en la parte final había puesto seda como aislante, y en cuyo extremo colocó una llave de metal. Después de un momento notó que la llave se electrificaba, e incluso –después se comprobó– se podía cargar eléctricamente una botella de Leyden.

Lo anterior dio origen al desarrollo del pararrayos, el cual consiste en un alambre cuyo extremo se coloca en la parte más alta de los edificios, con el fin de conducir la energía eléctrica de los rayos directamente a tierra, para que no ocasione daños (se dice que Franklin fue acusado de querer "apaciguar la ira de Dios").

La verdad es que Franklin tuvo mucha suerte de no recibir la descarga de un rayo directamente. Desgraciadamente, en 1753, Georg Richman, un científico sueco radicado en Rusia, intentó reproducir el experimento de Franklin y fue alcanzado por un rayo, por lo que falleció en el acto; se convirtió así en la primera persona de la historia en morir al usar la energía eléctrica.

Benjamin Franklin falleció el 17 de abril de 1790; no se nombró a ninguna unidad eléctrica en su honor. Sin embargo, fue uno de los fundadores de los Estados Unidos de América, por lo que los billetes de cien dólares llevan su imagen.

EL LEGADO

Lo que hemos comentado son los primeros intentos para entender a la electricidad, los cuales le tomaron a la humanidad más de dos milenios. Sin embargo, en los siguientes dos siglos se ha dado un salto enorme, que nos ha llevado a niveles impresionantes de desarrollo tecnológico. Para el siguiente gran paso era necesario que salieran a escena dos científicos nativos de Italia, la cuna del Renacimiento: Luigi Galvani y Alessandro Volta.

BIBLIOGRAFÍA

Jill Jones, "Empires of light", Random House, Nueva York, 2003.

Paul R. Heyl, "What is electricity?", Electrical Engineering, enero 1936, pp. 4-11.

http://www.biography.com/people/benjamin-franklin-9301234

http://www.biografiasyvidas.com/biografia/t/tales.htm

http://www.encyclopedia.com/topic/Stephen_Gray.aspx

Fig. 1.1- La caída de Faetón (Johann Liss, 1624).

Fig. 1.2- Tales de Mileto.

Fig. 1.3- William Gilbert muestra el magneto a la reina Elizabeth I, en 1598 (Ernest Board 1912).

Fig. 1.4- Demostración de "el niño electrificado", en 1744.

Fig. 1.5- El experimento de Benjamin Franklin en junio de 1752.

2. FRANKENSTEIN Y LA PILA ELÉCTRICA

No pensamos mucho en ellas hasta que se descargan, tampoco les damos demasiada importancia, pero por ejemplo, un punto muy importante en el cambio de aquellos teléfonos celulares (tipo "ladrillo") a los actuales, en lo que respecta a tamaño y tiempo de autonomía, ha sido el desarrollo de las pilas eléctricas –además del avance en la electrónica, obviamente–. Su uso es ahora más importante que nunca, con la gran cantidad de aparatos portátiles que utilizamos (no tendría mucho caso usar una tableta, laptop, o un teléfono inteligente, sin una buena pila que lo soporte durante varias horas).

Su funcionamiento se basa en una reacción química, la cual genera una corriente eléctrica. Este principio de operación fue descubierto hace dos siglos por el científico italiano Alessandro Volta, a raíz de la reproducción que hizo de unos experimentos llevados a cabo por el físico –italiano, también– Luigi Galvani. A continuación comentaremos sobre estos dos científicos, y de paso, el origen del mito de Frankenstein.

EL PROFESOR DE ANATOMÍA

Luigi Galvani nació el 9 de septiembre de 1737, en la ciudad de Bolonia, en lo que hoy es Italia. Esta ciudad ha sido un centro cultural desde la época del Imperio romano, y es sede de la universidad más antigua de occidente, la Universidad de Bolonia. Luigi muestra desde pequeño un interés por la teología, pero es persuadido por su familia para que se convierta en médico, por lo que estudia en la reconocida universidad de su ciudad, y obtiene el grado en medicina y filosofía en 1759.

Debido a su gran capacidad, así como a su desempeño académico y profesional, obtiene el puesto de profesor de anatomía en la misma universidad, en 1762. Dedica sus primeros años de vida profesional a la práctica de la medicina y al estudio de la anatomía. Se casa con Lucía Galeazzi –hija de uno de sus profesores– en 1764, y forman un matrimonio muy unido, el cual duró varias décadas. Incluso, ella se vuelve su asistente en la mayoría de sus experimentos hasta que muere en 1790, sin haber tenido hijos.

Ubiquemos el trabajo que desarrolla Galvani en el contexto histórico: vive en la segunda mitad del siglo XVIII, Bolonia pertenece a los Estados Papales (parte de lo que hoy es Italia), acaba de nacer el general que cambiaría el mapa de Europa, Napoleón Bonaparte (quien al final afectaría la vida de Galvani). En lo que concierne a México, la Colonia se encontraba en sus últimos años.

Respecto a la electricidad, ya se habían iniciado los estudios serios sobre el tema, aunque seguían sin tener utilidad práctica, usados en la mayoría de los casos sólo como atracción de feria. Los resultados principales son en el tema de la electricidad estática, a través de la generación de descargas, pero sin conseguir un flujo continuo de corriente eléctrica.

Antes de continuar, dejemos en claro la diferencia entre voltaje (o tensión) y corriente: el primer término se refiere a la diferencia de potencial eléctrico entre dos puntos, y el segundo al flujo de electrones. Mediante una analogía hidráulica, digamos que el voltaje es el equivalente al nivel de agua en un tinaco, mientras que la corriente se refiere al flujo de agua en la tubería. Por lo tanto, podemos tener voltaje presente (tinaco lleno), pero sólo hasta que cerremos el circuito (abramos una llave) podremos tener corriente (flujo de agua).

Volvamos a los años de Galvani, él vive muy feliz en su matrimonio, con su puesto de profesor en la universidad, y con un prestigio académico bien ganado. Inicia sus experimentos con ranas en su laboratorio, y cierto día de 1786, mientras diseccionaba una, se da cuenta de que al acercarle el escalpelo surge una chispa y el cuerpo de la rana se convulsiona. Al revisar su mesa de trabajo, observa que cerca se encontraba un generador electrostático, por lo que le atribuye la causa, y lleva a cabo más experimentos conectando un alambre que coloca en el exterior cuando se aproximan tormentas y el ambiente está muy cargado eléctricamente.

Continúa con los experimentos con cadáveres de ranas en su laboratorio (suponemos que el número de estos batracios en su ciudad era cuantioso) y más adelante, realiza su gran descubrimiento: se da cuenta, que sin actuar de por medio alguna fuente de energía eléctrica, cuando acerca sus pinzas a la rana y toca la médula espinal y un músculo de una de sus ancas, el cuerpo se convulsiona. Por lo tanto, deduce que el cuerpo de la rana contiene energía eléctrica almacenada, incluso después de muerta.

Reporta sus experimentos, así como sus conclusiones en el artículo "De viribus electricitatis in motu musculari commentarius" ("Comentario sobre las fuerzas eléctricas que se manifiestan en el movimiento muscular", escrito en latín, el lenguaje oficial de las publicaciones científicas, tal como ahora es el inglés), en el que plantea su teoría de la "electricidad animal". Esto origina un gran revuelo y la reproducción de sus experimentos por otros científicos. El principal impacto que tiene en la sociedad es el concepto de la electricidad como fuente de vida, y la idea de que mediante descargas eléctricas sería posible resucitar un muerto.

FRANKENSTEIN

Lo anterior llega a oídos de la escritora Mary W. Shelley, varios años después de la muerte de Galvani. Mientras disfruta del verano junto con su esposo, Percy Shelley, en Suiza, en compañía del poeta Lord Byron, acostumbran pasar las tardes comentando sobre las posibilidades y consecuencias del uso de la energía eléctrica para la resurrección de personas, además de contar relatos y leyendas de terror.

El poeta Byron reta a sus invitados a crear una historia de terror, y así es como queda la idea en Mary Shelley de escribir su novela sobre la resurrección de un muerto, a partir de las teorías sobre la electricidad formuladas por Galvani. Basada en esto escribe su famosa novela "Frankenstein o el moderno Prometeo", la cual se vuelve un fenómeno a nivel mundial, que perdura en la cultura popular hasta nuestros días.

La novela fue llevada por primera vez al cine en 1931, sin embargo, en ese momento habían pasado de moda las teorías de Galvani, y quien se encontraba en la cúspide del mundo científico y tecnológico era Nikola Tesla, por lo que la reproducción del laboratorio del Dr. Frankenstein se basa en las imágenes de Tesla y las descargas producidas por su famosa bobina.

En las décadas siguientes se realizan muchas versiones cinematográficas de la novela de Shelley, algunas buenas, otras de nivel B, e incluso algunas comedias. En la versión de 1994, interpretada por Kenneth Branagh y Robert de Niro, se retoman las ideas originales de la novela, e incluso se llega a ver en algún momento a Víctor Frankenstein mientras disecciona ranas.

Volvamos de nuevo a Luigi Galvani, como lo comentamos anteriormente, él deduce que la convulsión de los músculos de la rana, al conectarlos con la médula espinal es producida por la electricidad almacenada en el cuerpo del batracio, sin importar que esté muerta. En sus experimentos, además de su esposa, es auxiliado por su sobrino, quien se dedica por su cuenta a reproducirlos con el fin de demostrar la teoría de su tío.

EL ARISTÓCRATA

Alessandro Volta nació el 18 de febrero de 1745 en Como, Lombardía (hoy Italia, pero en esos años parte del Imperio austríaco), en el seno de una familia de la nobleza. Aunque su padre murió cuando tenía apenas siete años, su madre y sus familiares cercanos se esmeraron en que recibiera una buena educación, con el propósito de que se dedicara a la vida sacerdotal, o se desempeñara en el área de humanidades.

Sin embargo, Volta muestra un interés por la ciencia, que lo lleva desde muy joven a realizar experimentos y a mantener correspondencia con los científicos de su época. Al igual que varios de ellos, se siente atraído por el estudio de la electricidad, y en 1769, con tan solo 24 años de edad, publica su primer artículo científico: "De vi attractiva ignis electrici" ("Sobre la fuerza de atracción del fuego eléctrico", en latín, como ya lo anotamos). En 1774 inventa el electróforo, un instrumento para almacenar cargas eléctricas.

En esos momentos ya ocupaba un puesto como profesor de física en el Liceo de Como, y se encontraba felizmente casado con Teresa Perigrini, con quien procreó tres hijos. Se interesa también en el estudio de la química, y en una visita al lago Maggiore, observa las burbujas que se forman al mover el lodo del fondo, en la zona pantanosa, con lo que descubre el gas metano, en 1778. Además, realiza explosiones controladas de este gas en su laboratorio.

Debido a su prestigio bien ganado, ingresa a la Royal Society de Londres, una de las sociedades de científicos más antigua del mundo, y además se le otorga la cátedra de física experimental en la Universidad de Pavía, en 1779.

LA PUGNA

Como hemos visto, cuando Galvani publica los resultados de su investigación, Volta ya tenía un prestigio como científico en toda Europa. Por lo tanto, se interesa por dichos resultados, y decide realizar los experimentos por su cuenta. A partir de éstos deduce que la electricidad no proviene del animal, sino de los metales, y convoca a Galvani a debatir al respecto y comprobar su teoría.

Por lo tanto, surge una pugna científica entre los partidarios de la "electricidad animal" y la "electricidad metálica". Sin embargo, hay que dejar en claro que nunca pasó del ámbito académico y siempre con el respeto entre los científicos.

El gran descubrimiento de Alessandro Volta llega a finales del siglo XVIII, cuando, para probar su teoría, construye una pequeña torre de discos apilados (esto es, una "pila" de discos, de ahí su nombre), de cobre y zinc, alternados, con una solución salina entre ellos. Con esta pila logra generar un voltaje en los extremos y, por lo tanto, produce un flujo de corriente eléctrica.

Lo que descubrió Volta, aunque todavía faltaban años para el descubrimiento del electrón, era que podían generar un flujo continuo de energía eléctrica, y no solo unas descargas. Su pila podía suministrar un fluido eléctrico constante durante varias horas, de acuerdo al número de discos que se pusieran uno encima de otro.

En marzo de 1800 reporta su invención a la Royal Society mediante una carta escrita en francés, dirigida a Sir Joseph Banks, su presidente. En dicha carta expresa lo siguiente: "Después de un largo silencio, para el que no voy a ofrecer disculpa, tengo el placer de comunicarle algunos resultados sorprendentes que he obtenido mediante el desarrollo de mis experimentos con electricidad, mediante el contacto de metales diferentes, además de un líquido [...]. Este aparato al cual aludo, y el cual seguramente le sorprenderá, es solo el montaje de un número de buenos conductores".

Sin embargo, Inglaterra y Francia se encontraban en guerra, por lo que la carta llega a su destino varios meses después, y es leída ante el pleno de la Royal Society el 26 de junio de 1800, y su experimento es reproducido por los científicos ingleses. Sus contemporáneos lo llaman "el aparato más maravilloso que ha creado la mano del hombre, sin excluir el telescopio o la máquina de vapor".

Con lo anterior queda zanjada la controversia entre la teoría de la "electricidad animal", que proponía Galvani, y la "electricidad metálica", que proponía Volta. Esto dio origen a uno de los mayores inventos en la historia de la humanidad, el cual utilizamos hasta nuestros días (ahora más que nunca).

EL ARRIBO DE NAPOLEÓN

En 1796 Napoleón decide emular a Aníbal y a Carlomagno, por lo que cruza los Alpes con el fin de conquistar Italia (episodio inmortalizado en la famosa pintura en la que aparece montado sobre su caballo). Vence a los austríacos y funda la República Cisalpina.

Luigi Galvani se niega a jurar fidelidad a Napoleón, por lo que es expulsado de la Universidad de Bolonia, en la cual había impartido su cátedra durante más de treinta años. Se retira a vivir en casa de su hermano, ya que su amada esposa había muerto unos años antes. A petición e insistencia de sus colegas, el nuevo Gobierno accede a regresarle su puesto y sus títulos, pero ya era demasiado tarde, y víctima de una profunda depresión, Galvani muere, pobre y exiliado, el 4 de diciembre de 1798.

Alessandro Volta se comporta de una manera mucho más pragmática (o como gusten llamarle) y accede a inclinar su cabeza ante Napoleón, por lo que es invitado a París para mostrarle su invento al Emperador.

"Aquí tenemos, mi querido doctor, la imagen de la vida misma", fue lo que pronunció Napoleón al observar el funcionamiento de la pila eléctrica de Volta. El emperador le otorgó la medalla de oro al mérito científico, y lo nombró conde y senador de Lombardía. Además, recibió una serie de reconocimientos en toda Europa. Incluso, después de la caída del Imperio napoleónico, el Gobierno Imperial austríaco le otorgó el puesto de director de la facultad de filosofía de la Universidad de Padua.

Se retiró poco tiempo después a vivir en completa tranquilidad, mientras disfrutaba de su riqueza y su bien merecida fama académica. Murió el 5 de marzo de 1827.

En lo que respecta a su pugna con Galvani, como ya lo comentamos, ésta nunca pasó del plano científico, y siempre mantuvieron un gran respeto entre ambos. Debido a esto, Volta sugirió que se nombrara a la corriente producida por una reacción química "corriente galvánica", en honor a su colega. Por otra parte, la comunidad científica propuso que a la unidad de tensión eléctrica se le denominara "Volt".

EL LEGADO

A raíz de los descubrimientos que se han dado en los últimos años, en lo que concierne al funcionamiento del cuerpo humano, en particular el cerebro, el corazón y los músculos, podemos afirmar que Galvani no estaba del todo errado, y sí existe una cierta "electricidad animal".

Sobre Volta, solo podemos reafirmar lo dicho: su invento ha sido uno de los más grandes en la historia de la civilización. Hasta el día de hoy, las pilas funcionan con el mismo principio descubierto por él: *la reacción de dos o más elementos químicos produce una corriente eléctrica.*

Gracias al desarrollo de las pilas y baterías, es que podemos disfrutar durante varias horas de los teléfonos celulares, las laptops, las tablets, los relojes, etc. Además de que permiten el funcionamiento de los coches. Por lo tanto, este capítulo es una pequeña muestra del reconocimiento y agradecimiento que les debemos a estos dos científicos italianos.

Unos años después, un joven pobre londinense, con apenas la educación básica y prácticamente analfabeto en lo que a matemáticas se refiere, quien trabajaba como aprendiz de encuadernador de libros, recibe un ejemplar sobre los descubrimientos de Volta. Obviamente, no resiste el impulso de leerlo mientras lo encuaderna, y al instante queda fascinado. Esto daría origen al descubrimiento del electromagnetismo.

BIBLIOGRAFÍA

L.A. Geddes., H.E. Hoff, "The discover of bioelectricity and current electricity. The Galvani-Volta controversy", IEEE Spectrum, Diciembre 1971.

Brian Bowers, "Volta and the continuous electric current", Proceedings of the IEEE, Abril 2001.

http://www.ieeeghn.org/wiki/index.php/Luigi_Galvani

http://www.ieeeghn.org/wiki/index.php/Alessandro_Volta

Jill Jones, "Empires of light", Random House, Nueva York, 2003.

http://mx.selecciones.com/contenido/a1719_como-fabrico-volta-la-primera-pila-electrica-de-la-historia

Fig. 2.1- Luigi Galvani (Cortesía de IEEE).

Fig. 2.2- Laboratorio de Luigi Galvani (Cortesía de IEEE).

Fig. 2.3- Alessandro Volta (Cortesía de IEEE).

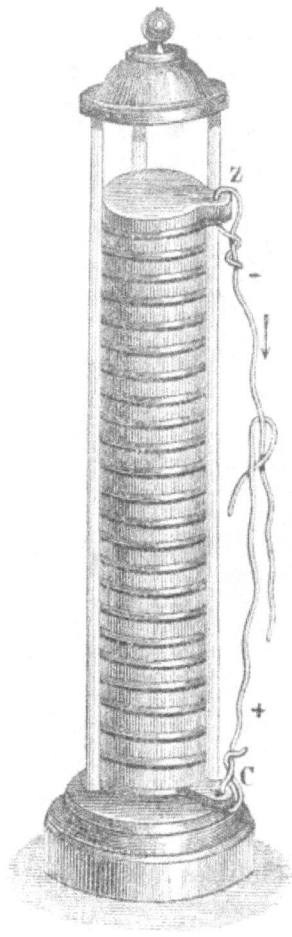

Fig. 2.4- Pila de Volta (Cortesía de IEEE).

3. EL APRENDIZ

El electromagnetismo es un fenómeno que nos acompaña en nuestra vida diaria desde hace muchos años. Una gran cantidad de aparatos modernos funcionan basados en sus principios: el motor, el generador, y el transformador, por ejemplo. Incluso, toda la tecnología inalámbrica, la cual nos permite el uso de la radio, la televisión, los teléfonos celulares, y las redes Wi-Fi, son posibles gracias al uso del electromagnetismo.

Todos hemos tenido contacto con la electricidad y sabemos bien de qué trata el magnetismo (aunque un físico quizás se vería en aprietos para explicarnos sus principios). Ahora se sabe que estas dos fuerzas de la naturaleza, la electricidad y el magnetismo, son parte de una sola fuerza electromagnética. Sin embargo, hace doscientos años, se les veía como fuerzas separadas.

Fue gracias a varias personas que cambió nuestra comprensión de estos fenómenos, entre ellos Michael Faraday fue uno de los más importantes. Un científico que apenas tuvo acceso a la educación básica, pero con una gran curiosidad, así como ganas de aprender y pasión por su trabajo, con lo que fue capaz de desvelar los misterios del electromagnetismo.

EL DANÉS

El siglo XIX fue una época de grandes cambios en la civilización, ya que además de la Revolución Industrial, la cual modificó por completo a la economía y a la organización de las sociedades, se realizaron grandes avances en lo que respecta a la comprensión y el uso de la energía eléctrica. Lo anterior a partir de los descubrimientos de Benjamín Franklin, Alessandro Volta, y Luigi Galvani, entre otros.

Esta historia del electromagnetismo inicia en 1820, en la Universidad de Copenhague, en Dinamarca, lugar de trabajo del profesor Hans Christian Oersted, quien varios años antes había enunciado –a diferencia de sus colegas– que era muy probable que la electricidad y el magnetismo formaran parte de una sola fuerza, pero no había tenido oportunidad de probarlo.

Hans Christian Oersted nació el 14 de agosto de 1777, en Rudkobing, Dinamarca. Desde niño muestra una gran capacidad intelectual (aprendió alemán mientras leía una biblia en ese idioma), por lo que sus padres y vecinos deciden apoyarlo para que obtenga mejor educación. Ingresa a la universidad en la que obtiene el grado de farmacéutico en 1797, y dos años después el doctorado. Gracias a todo esto, es designado profesor en la Universidad de Copenhague.

Su gran descubrimiento llega por accidente, en la primavera de 1820, mientras impartía su clase, con ayuda de la tecnología más avanzada de su época (contaba con una pila de Volta en su laboratorio). En el momento que mostraba un circuito eléctrico –

usado para investigar el calentamiento del platino al paso de la corriente eléctrica– a sus alumnos, observó que la aguja de una brújula, puesta por casualidad a un lado del alambre, se movía cuando cerraba el interruptor.

Además, notó que si invertía la polaridad de la pila, la aguja de la brújula se movía en la dirección opuesta. Por lo tanto, estaba claro que el flujo de corriente eléctrica producía un campo magnético, el cual afectaba la dirección de la brújula. Oersted anunció su descubrimiento el 21 de julio de 1820, en un artículo –en latín– cuyo título era: "Experimenta circa effectum conflictus electrici in acum magneticam" (experimentos en el efecto de una corriente eléctrica en la aguja magnética).

Debido a este descubrimiento, se considera a Hans Christian Oersted como uno de los más grandes científicos, fundador del estudio del electromagnetismo. Recibió una medalla de la Royal Society, además de premios en toda Europa. Como muestra del reconocimiento de la comunidad científica hacia su persona, a la unidad de intensidad de campo magnético se le denominó "Oersted". Falleció el 9 de marzo de 1851.

EL PARISINO

A continuación entra en escena André Marie Ampere, quien nació el 22 de enero de 1775, en Lyon, Francia. Su padre era un hombre de negocios exitoso, quien estaba muy al pendiente de la educación de su hijo, pero lamentablemente murió en la guillotina durante la Revolución francesa.

Ampere mostró un gran interés en las matemáticas, y a los trece años envió el primer artículo para su publicación, el cual, aunque fue rechazado, le sirvió como motivación en su carrera científica, por lo que continuó con su preparación de forma autodidacta.

En 1802 obtiene un puesto como profesor de matemáticas en la Escuela Politécnica de París (a pesar de no contar con una educación formal), pero lamentablemente su primera esposa había muerto, y esto, aunado al recuerdo de la muerte de su padre, le ocasiona altibajos en su vida personal, y aunque se vuelve a casar, este nuevo matrimonio resulta desatroso y dura poco tiempo.

Cuando Ampere lee el artículo de Oersted sobre sus experimentos se muestra muy escéptico, pero obviamente, los realiza por su cuenta y comprueba que el flujo de una corriente eléctrica produce un campo magnético. A partir de esto –apoyado en su formación matemática– deduce el fundamento teórico de dicho fenómeno, conocido como "Ley de Ampere".

Además, desarrolló los primeros instrumentos para la medición del flujo eléctrico, así como los primeros electroimanes. Fue aceptado en la Royal Society en

1827. En su honor, a la unidad de corriente eléctrica se le denominó "Ampere". Murió el 10 de junio de 1836.

EL MENTOR

Antes de hablar sobre Michael Faraday –el personaje central de esta historia– es necesario que comentemos sobre la vida de Sir Humphry Davy, quien fue su descubridor y mentor (se dice que la principal aportación a la ciencia de Davy fue descubrir a Faraday).

Humphry Davy nació el 17 de diciembre de 1778, en Cornwall, Inglaterra. Hijo de un escultor de madera, fue un niño muy precoz que se interesó en la historia, la pintura y la poesía, así como en la ciencia, en particular en el estudio de la química, rama en la cual destaca debido a sus descubrimientos. Además, gracias a su carisma e inteligencia, comienza a moverse en los mejores círculos sociales.

En 1799, Benjamin Thompson (conde de Rumsford), físico, inventor, y político estadounidense –quien además era oportunista, mujeriego,ególatra, cazafortunas, pero, es justo decirlo, también un filántropo– funda en Londres la Royal Institution, con el fin de promover el desarrollo de la ciencia, así como su divulgación y su aplicación en la vida cotidiana.

Con el propósito de llevar a cabo conferencias sobre ciencia en la Royal Institution, el conde de Rumsford contrata a Davy, quien se vuelve una celebridad en estos eventos –el teatro se llenaba en cada uno de ellos–, en los que combinaba la presentación de fenómenos químicos y eléctricos, con ciertos elementos teatrales (uno de sus mayores espectáculos consistía en la presentación de un arco eléctrico). Esto aunado a su encanto personal, que lo volvía muy popular, en especial entre las mujeres.

Humphry Davy fue director de la Royal Institution y presidente de la Royal Society, además de que se le otorgó un título nobiliario.

EL ENCUADERNADOR

Ahora sí, después de repasar brevemente la vida de Oersted, Ampere, y Davy, es el momento de hablar de Michael Faraday, quien nació el 22 de septiembre de 1791, en Londres, Inglaterra, en el seno de una familia muy pobre, que formaba parte de la secta protestante de los Sandemanianos (cuyos principios éticos y religiosos rigieron el comportamiento de Faraday durante toda su vida).

Su niñez fue muy difícil –a veces tenía solo una pieza de pan para comer durante una semana– y su educación formal terminó muy pronto. A la edad de 14 años comienza a trabajar como aprendiz de encuadernador de libros, lugar donde da rienda suelta a su pasión por el conocimiento, al mismo tiempo que adquiere una gran habilidad manual (la cual pondría en práctica en sus experimentos de los años posteriores).

Cierto día, llega a sus manos un tomo de la Enciclopedia Británica, el cual contiene un artículo sobre los recientes descubrimientos en la nueva ciencia de la electricidad y, al leerlo, Faraday queda fascinado.

Otro acontecimiento importante sucede varios años después, cuando un amigo suyo, quien compartía el gusto por la ciencia, le regala un boleto para asistir a la próxima conferencia de Sir Humphry Davy, en la Royal Institution.

Michael Faraday queda tan impactado por dicha conferencia, que toma nota de todo lo dicho por Davy, después agrega los dibujos correspondientes de cada uno de los experimentos, y forma un pequeño libro que encuaderna, para enviárselo a Davy.

En la carta que acompaña a las notas encuadernadas, Faraday le solicita trabajo como aprendiz de científico –a pesar de que ya contaba con la experiencia necesaria para iniciar su propia empresa de encuadernación de libros–, y después de un cierto tiempo, Davy acepta tomarlo bajo su tutela. Esto cambiaría el curso de la historia.

LOS DESCUBRIMIENTOS

A pesar de que Davy fue su mentor, muy pronto empezó a manifestar celos profesionales hacia su ayudante, por lo que le encargaba trabajos difíciles y sin futuro, que lo hacían demorar meses en su desarrollo y, al final, no llegaba a conclusiones satisfactorias.

Davy lo lleva como acompañante en una gira por Europa, pero en calidad de ayudante y mozo. En esta gira sostienen entrevistas con los grandes científicos de la época, pero a Faraday no le estaba permitido participar en las discusiones sobre ciencia (para disgusto de los anfitriones).

A pesar de todo, pronto empieza a destacar debido a sus descubrimientos en química. Por lo tanto, en 1824 es aceptado como miembro de la Royal Society –con un solo voto en contra, de Davy– y el siguiente año es nombrado director del laboratorio de la Royal Institution.

Sin embargo, las principales aportaciones de Faraday serían en el área de la electricidad, unos años más adelante. Recordemos que en 1820 Oersted había descubierto que una corriente eléctrica produce un campo magnético, por lo que Faraday tuvo la idea de que la fuerza electromagnética podía fluir en sentido inverso, esto es, que un campo magnético podía generar una corriente eléctrica.

Le tomó casi diez años llegar a la demostración de su teoría, cuando en 1831, mediante el uso de un imán, que introducía y sacaba del hueco formado por un alambre enrollado –al cual le había conectado un galvanómetro–, observó que la aguja del medidor indicaba la generación de corriente.

Este fue el gran descubrimiento que permite que actualmente disfrutemos de la energía eléctrica producida en las grandes centrales de generación. Básicamente, se aplica el mismo principio de inducción electromagnética descubierto por Faraday: a partir de otro tipo de energía –como el vapor o la caída del agua–, se hacen girar unos alambres enrollados (de longitudes kilométricas) a través de un campo magnético, con lo que generan la energía eléctrica que nos llega a las ciudades.

Otro de sus descubrimientos lo obtuvo cuando enrolló dos alambres en un anillo de hierro, uno conectado a una pila de Volta y, el otro, a un galvanómetro; observó que al cerrar el interruptor en el primero de ellos, en el segundo alambre se generaba un pico de corriente. Esto representó el inicio de los transformadores, los cuales se siguen utilizando hasta el día de hoy.

La siguiente gran aportación de Faraday a la ciencia fue la invención del motor eléctrico. Su experimento consistió en suspender un alambre en medio de un campo magnético, y pasar una corriente eléctrica a traves de él. Como hemos visto, dicha corriente produce un campo magnético en el alambre, el cual se repele con el campo del imán y ocasiona que el alambre se mueva.

Lo anterior es el principio de operación de uno de los más importantes aparatos desarrollados por el hombre, el motor eléctrico, el cual convierte la energía eléctrica en energía mecánica. No hay mucho que aclarar respecto de la importancia de estos equipos en el mundo actual, baste decir que más de la mitad de la energía eléctrica que se genera en el mundo, se consume en los motores eléctricos.

Todo lo anterior se puede resumir en los dos principios básicos del electromagnetismo: una corriente eléctrica produce un campo magnético, y un campo magnético variable induce una corriente eléctrica.

Sus descubrimientos los dejó plasmados en su libro "Experimental researches in electricity and magnetism" (Investigaciones experimentales en electricidad y magnetismo), en el cual explica sus descubrimientos de una forma detallada y ayudado por dibujos (recordemos que su formación en matemáticas era sumamente pobre). Además, otra de sus grandes aportaciones fue el concepto de líneas de campo, que utilizó para explicar la acción a distancia que ejercen los campos magnéticos (parecida a la fuerza de gravedad).

Definitivamente, su gran aportación al progreso de la ciencia fue la demostración de que la electricidad –ya sea en forma de una pila voltaica, un rayo, o de forma estática– y el magnetismo, son manifestaciones particulares de una sola fuerza electromagnética (una de las cuatro fuerzas fundamentales del universo, junto con la gravedad, la fuerza nuclear fuerte y la fuerza nuclear débil).

Sin embargo, aunque ahora aplicamos estos descubrimientos en la vida diaria, en aquellos años podían considerarse como ciencia básica, sin aplicaciones posibles a la vista. Por lo tanto, Faraday era cuestionado frecuentemente sobre la utilidad de estos aparatos, a lo que solía responder: "¿Cuál es la utilidad de un bebé? Críalo bien y en un futuro será útil a la sociedad".

Se cuenta que cuando el Primer Ministro británico lo visitó en su laboratorio en 1831, al preguntarle sobre la utilidad de su generador eléctrico, Faraday respondió: "No lo sé, pero estoy seguro de que el Gobierno le pondrá un impuesto" (en 1880 se decretó el impuesto a la generación de energía eléctrica en Inglaterra).

EL DIVULGADOR CIENTÍFICO

Faraday se preocupó por que la población, en especial los niños, tuvieran conocimiento de los avances científicos –muchos años antes de que surgieran grandes divulgadores de la ciencia como Carl Sagan o Neil deGrasse Tyson, o que iniciara sus transmisiones el Discovery Channel–, por lo que puede considerarse como el primer divulgador científico.

Debido a que él mismo sufrió la falta de una mejor educación, y con el fin de difundir los avances de la ciencia, Faraday estableció una serie de conferencias. La más famosa de ellas es "The Christmas Lecture for Children" (Conferencia de navidad para niños), la cual se imparte hasta nuestros días (Carl Sagan y Desmond Morris, entre muchos otros importantes científicos, han sido invitados a impartirla).

Faraday estaba convencido de que debía dedicarse por completo a sus investigaciones, por lo que rechazaba todo aquello que consideraba como distracciones, tales como títulos honorarios, oportunidades de hacer fortuna, y compromisos con la alta sociedad. Debido a su comportamiento ejemplar, así como a su energía, integridad, inteligencia, tenacidad, y una dedicación por completo a la ciencia, se volvió un ejemplo y motivación para otros científicos. Falleció el 25 de agosto de 1867.

EL LEGADO

Antes de finalizar, hay que recordar lo que hemos comentado: uno de los más grandes científicos que han existido pudo haberse quedado en la calle, sin pasar de ser una persona pobre. Sin embargo, tuvo a su favor dos cualidades: un amor por la lectura, así como una gran tenacidad, con lo que superó su condición adversa y accedió a otro nivel de vida, en la cual estuvo dedicado a la ciencia, así como a la transmisión de esos conocimientos a muchos niños y jóvenes.

Gracias a sus descubrimientos podemos utilizar la energía eléctrica producida en las grandes centrales generadoras, así como los motores eléctricos y los transformadores. Además, estableció los principios del electromagnetismo, básicos para el desarrollo de la radio, la televisión y las redes de Wi-Fi. Nada mal para un niño que a veces solo tenía un pan para comer en una semana.

La gran limitación que tuvo Faraday fue que no podía expresar en un lenguaje matemático sus descubrimientos. Sin embargo, en ese tiempo nació uno de los más grandes físicos que han existido –al nivel de Isaac Newton y Albert Einstein–, quien sería capaz de expresar las leyes que gobiernan el electromagnetismo en forma de ecuaciones matemáticas.

BIBLIOGRAFÍA

Jill Jones, "Empires of light", Random House, Nueva York, 2003.

Leon Lederman, Dick Teresi, "La partícula divina", Booket, México, 2013.

http://www.ieeeghn.org/wiki/index.php/Andre-Marie_Ampere

http://www.ieeeghn.org/wiki/index.php/Michael_Faraday

http://www.rigb.org/our-history/people/f/michael-faraday

Fig. 3.1- Hans Christian Oersted.

Fig. 3.2- André Marie Ampere.

Fig. 3.3- Sir Humphry Davy.

Fig. 3.4 Michael Faraday (Cortesía de IEEE).

4. EL HOMBRE QUE LO CAMBIÓ TODO

Vivimos inmersos en campos eléctricos y magnéticos que se propagan en forma de ondas electromagnéticas, las cuales –a excepción de la luz– no podemos ver. Mientras usted lee este artículo, pequeños campos eléctricos están formandose en la ropa (si es un día seco), con los cuales a veces tenemos un molesto encuentro en forma de pequeña descarga.

Las ondas de luz llegan a nuestros ojos, donde son transmitidas al cerebro, que se encarga de procesar su información. Además, existe un campo magnético de la Tierra, y nos llegan ondas electromagnéticas desde las estrellas más distantes, incluso algunas que se generaron hace miles de millones de años, en los inicios del universo.

Otras ondas electromagnéticas que nos circundan son las ondas de radio, que transmiten información y música, así como las de televisión con su contenido de imágenes y sonidos. En los años más recientes, también se transmite voz y mensajes de texto mediante los teléfonos celulares, y toda clase de información a través de las redes inalámbricas de internet (Wi-Fi).

Así que vivimos –la mayoría sin saberlo– en medio de ondas electromagnéticas, las cuales fueron descubiertas hace casi doscientos años, mediante los experimentos llevados a cabo por Oersted, Ampere y Faraday. Sin embargo, para su completa comprensión y aplicación en desarrollos tecnológicos, era necesario formular las bases matemáticas de dichos descubrimientos. Esto sólo lo pudo lograr un hombre con una mente tan brillante, que se le ubica al nivel de Isaac Newton y Albert Einstein.

EL NIÑO PRODIGIO

James Clerk Maxwell nació el 13 de junio de 1831 –el mismo año en que Faraday descubrió los principios del electromagnetismo–, en Edimburgo, Escocia, en el seno de una familia aristocrática. Desde niño manifiesta un gran amor por todos los seres vivos (era incapaz de matar una mosca, literalmente), además de una inmensa curiosidad. Una de sus tías recordaba: "Era humillante la cantidad de preguntas que hacía ese niño y que no podías contestar".

En cierta ocasión causó un gran revuelo al descubrir que podía tener el sol dentro de su casa, mediante su reflejo con un disco de aluminio. "¡Es el sol, lo he conseguido!", gritaba cuando llegaron sus padres para ver qué era lo que pasaba en su cuarto.

Su madre muere cuando Maxwell tenía apenas ocho años, por lo que su padre le encarga su educación a un tutor. Sin embargo, este profesor fue incapaz de ver el genio del niño, y lo califica como "lento" para aprender, además de que le impone castigos severos. Cuando su padre se da cuenta de esto, despide al tutor y envía a su hijo a una academia.

En la escuela sufre de acoso por parte de sus compañeros, quienes lo llamaban "dafty" (algo así como "un poco chiflado", en inglés). Sin embargo, Maxwell se concentra en otros asuntos mucho más importantes. A los catorce años publica su primer artículo sobre cuestiones matemáticas y, a los dieciséis, ingresa a la Universidad de Edimburgo.

Durante diez años labora en varias universidades, mientras lleva a cabo sus trabajos científicos, como la teoría cinética de los gases y el descubrimiento de que los anillos de Saturno están constituidos por pequeñas partículas (sin ayuda del telescopio, sólo mediante el uso de las matemáticas), además de la primera fotografía a color.

LAS ECUACIONES

En 1860 acepta un puesto como profesor en el King´s College, en Londres. Es aquí donde –a partir de los experimentos de Oersted, Ampere y Faraday– realiza su mayor contribución a la ciencia: la deducción de las ecuaciones que establecen que la electricidad y el magnetismo son parte de una sola fuerza, y que definen su comportamiento. Dicha aportación, ahora resumida en cuatro bellas ecuaciones matemáticas, es conocida como las "Ecuaciones de Maxwell".

Para entender dichas ecuaciones es necesario el dominio de varios cursos de matemáticas a nivel ingeniería, en particular una rama llamada cálculo vectorial. Sin embargo, no es necesario este conocimiento para comprender su importancia y lo que expresan.

De acuerdo al gran científico y divulgador Stephen Hawking, por cada ecuación matemática que se incluye en un texto de divulgación científica, el número de lectores se reduce a la mitad. Por lo tanto, no se incluye ninguna de ellas, sin embargo, sí comentaremos lo que expresa cada una.

La primera ecuación describe cómo se comporta un campo eléctrico de acuerdo con la distancia (se debilita cuanto más se aleja), y además expresa que mientras más carga eléctrica exista, más fuerte es el campo.

La segunda ecuación dice que no existen los "monopolos" magnéticos, esto es, que un imán siempre tiene un polo "norte" y uno "sur" (aunque se parta por la mitad, se formarán unos polos nuevos).

La tercera ecuación expresa cómo un campo magnético variable induce un campo eléctrico (corriente eléctrica).

La cuarta ecuación describe cómo un campo eléctrico variable (flujo de corriente eléctrica) genera un campo magnético.

Aun sin el dominio de las matemáticas necesarias, el significado de las primeras dos ecuaciones resulta comprensible, e incluso, parece obvio; mientras que las dos restantes expresan los descubrimientos de Oersted y Faraday, los cuales ya hemos comentado.

Este desarrollo no habría sido posible sin otra de las aportaciones de Maxwell: el concepto de "campo" (enunciado originalmente por Faraday). Recordemos el experimento de Física en la secundaria, en el que, encima de un imán, colocábamos un papel con limaduras de hierro y observábamos la forma en que se distribuyen las limaduras, de acuerdo a líneas invisibles de fuerza.

El concepto del campo se refiere a estas líneas invisibles, similares a las de la gravedad, y representó una herramienta muy importante para el desarrollo de la teoría de Maxwell, y años después para la teoría de la relatividad.

La variación de estos campos crea ondas electromagnéticas (similares a las ondulaciones en el agua cuando arrojamos una piedra), las cuales viajan por el espacio. Después de varios experimentos se descubrió que estas ondas se transmiten a la velocidad de la luz. Por lo tanto, la luz también es una onda electromagnética, sólo que en un rango de frecuencias que el ojo humano sí puede percibir.

LOS ÚLTIMOS AÑOS

Maxwell tenía muchos problemas para transmitir sus conocimientos a las personas que no tenían, ya no digamos su capacidad, sino cierta preparación en física y matemáticas. Por lo tanto, le causó una gran preocupación el que fuera invitado a explicarle sus descubrimientos a la reina Victoria de Inglaterra. Afortunadamente para él, la reina no mostró demasiado interés y la entrevista duró poco (aunque quizás por esto Maxwell nunca recibió el título de caballero).

En 1865 renuncia a su puesto en el King's College y regresa, junto con su esposa, a vivir en su finca en Escocia. Se dedica a escribir su libro "Treatise on electricity and magnetism" (Tratado sobre electricidad y magnetismo), además de atender las obligaciones propias de la aristocracia a la que pertenecía. Obviamente, se mantiene en contacto por correo con los científicos de su época, para lo cual manda construir un buzón especial, de dimensiones considerables.

No está de más comentar que las ecuaciones originales eran veinte, y redactadas en forma más compleja; fue un físico londinense, Oliver Heaviside, quien las redujo a una sistema más sencillo de sólo cuatro ecuaciones.

EL LEGADO

Albert Einstein afirmó: "La formulación de estas ecuaciones es el acontecimiento más importante de la física desde los tiempos de Newton, no sólo por la riqueza de su contenido, sino porque representan un modelo o patrón para un nuevo tipo de ley". Además, mencionó: "A pocos hombres en el mundo les ha sido concedida una experiencia así".

Maxwell era un hombre profudamente religioso, quien citaba la Biblia con gran facilidad y vivía de acuerdo a sus principios. No veía ninguna contradicción entre los principios teológicos y los hechos científicos, al contrario, para él se complementaban.

Lo anterior a diferencia de nuestros tiempos en que se considera que una persona muy inteligente debe, por lo general, ser ateo (dicho esto sin afán de entrar en controversias religiosas).

Las ecuaciones de Maxwell sentaron las bases teóricas para la comprensión y el desarrollo de las tranmisiones inalámbricas, tanto de radio como de televisión, así como el radar, y las redes de Wi-Fi, además de la formulación de la teoría de la relatividad. Sin embargo, su recuerdo no perdura en la cultura popular de la misma manera que los otros dos grandes de la física (Newton y Einstein).

A pesar de que sus ecuaciones permitieron el desarrollo de las transmisiones de televisión, no he visto ningún programa dedicado a su memoria; a diferencia de las miles de horas que se han usado para la trasmisión de programas dedicados a ladrones, asesinos, y personajes históricos de muy dudosos méritos.

Para finalizar este breve homenaje a uno de los mayores físicos que han existido –a quien el mismo Einstein admiraba– dejo aquí uno de sus pensamientos, en el que queda claro su humildad, y en el que expresa que sentía que sólo era un instrumento de Dios.

"Lo que se hace por lo que yo llamo uno mismo es, me parece, realizado por algo más grande que yo [...]. El único deseo que puedo tener es, como David, servir a mi propia generación según la voluntad de Dios, y luego quedarme dormido".

James Clerk Maxwell se quedó dormido el 5 de noviembre de 1879, a la edad de 48 años. Sirvió no sólo a su generación, sino a todas las siguientes.

BIBLIOGRAFÍA

Stephen Hawking, "La gran ilusión. Las grandes obras de Albert Einstein". Crítica. Barcelona, 2010.

Leon Lederman, Dick Teresi, "La partícula divina", Booket, México, 2013.

Carl Sagan, "El mundo y sus demonios: La ciencia como una luz en la oscuridad. Planeta. 1997.

http://www.ieeeghn.org/wiki/index.php/James_Clerk_Maxwell

J.C. Ratio, "The long road to Maxwell equations", Spectrum, Diciembre 2014.

Fig. 4.1- James Clerk Maxwell.

5. EL HOMBRE QUE QUERÍA SER PROFESOR

La ley de Ohm define la relación que existe entre la corriente y el voltaje en un circuito eléctrico. Es uno de los principios más utilizados, y todo estudiante de los temas eléctricos, desde el bachillerato hasta el doctorado, lo conoce y utiliza ampliamente. En este capítulo comentaremos sobre la vida del científico que formuló esta ley, así como las razones que lo llevaron a estudiar estos temas, entre las cuales destaca una: la ilusión de conseguir un puesto como profesor titular de universidad.

EL HIJO DEL CERRAJERO

Georg Simon Ohm nació el 16 de marzo de 1789, en Erlangen, Baviera, Alemania (en ese tiempo parte del Sacro Imperio Romano Germánico). Hijo de un cerrajero, quien había alcanzado un alto nivel de cultura de forma autodidacta. Georg tuvo seis hermanos, sin embargo, cuatro fallecieron en la niñez. Su padre se esmeró en que sus hijos tuvieran una buena educación, así que los instruyó a muy alto nivel en matemáticas, física, química y filosofía.

En este caso –al contrario de otros científicos–, su padre no quiso que siguieran sus pasos como cerrajero, aunque sí les enseñó el oficio, para que tuvieran una profesión a la cual dedicarse por si fallaban en la de su elección.

A los once años Ohm ingresa a la escuela, pero la educación formal le resulta aburrida y rutinaria, ya que sólo era obligado a memorizar textos, a diferencia de la educación que había recibido de su padre, la cual era muy interesante y motivadora. De hecho, es gracias a esta educación en casa que logra ingresar a la Universidad de Erlangen en 1805 (también es muy probable que su sueño de ser profesor haya nacido de las clases de su padre).

Sin embargo –como sucede en muchas ocasiones con los jóvenes–, Ohm descuida sus estudios universitarios, y se dedica a pasar el tiempo en otras actividades como el patinaje sobre hielo y el billar. Obviamente, cuando su padre se entera de que está desperdiciando una oportunidad que él nunca tuvo, lo saca de la universidad y lo envía a Suiza, donde consigue un empleo como profesor de matemáticas.

Uno de sus profesores de la Universidad de Erlangen, le aconseja que continúe con sus estudios de matemáticas. Ohm regresa a su Alma Máter y obtiene el grado de doctor en 1811. Ahí mismo se dedica a impartir clases de matemáticas. Sin embargo, no era el puesto que buscaba, además de que el sueldo era muy bajo, por lo que deja sus clases universitarias en 1813. Durante varios años se dedica a impartir clases en escuelas de bajo nivel académico o como tutor particular.

En septiembre de 1817 es contratado en una escuela Jesuita de Colonia (de nivel equivalente al bachillerato actual), y es aquí donde por fin cuenta con los elementos necesarios para llevar a cabo sus investigaciones. La meta de Ohm era obtener un puesto de profesor titular en una universidad, y sabe que para obtenerlo debe de publicar artículos en los que demuestre la investigación que realiza.

Parece que hay un momento en la vida de Ohm en el que se da cuenta que no se va a casar, que se le está pasando el tiempo y no consigue su anhelo. Por lo tanto, se toma una especie de año sabático a medio sueldo con el fin de dedicarse a investigar.

Lo que descubre, mediante el uso de una pila de Volta y un alambre (que él mismo tuvo que pagar y construir), es que mientras más largo era el alambre –esto es, tenía más resistencia–, menos corriente fluía por él. Por lo tanto, concluye que la corriente y la resistencia en un circuito son inversamente proporcionales. Esto mediante el uso de un equipo de laboratorio rudimientario y después de numerosos experimentos.

Ohm publicó sus resultados en 1827, en su obra "Die galvanische Kette, mathematisch bearbetiet" (el circuito galvánico investigado matemáticamente). Sin embargo, sus resultados no tuvieron aceptación, debido principalmente a los fundamentos matemáticos que quiso dar a su investigación –en ese tiempo en Baviera los problemas físicos se analizaban desde un punto de vista puramente práctico–.

LA LEY DE OHM

La gran aportación de Ohm por la que quedó inmortalizado y cuyo nombre es conocido por todo aquel que estudia electricidad, desde los niveles básicos hasta el posgrado, es establecer la relación entre corriente, voltaje y resistencia eléctrica, mediante la formulación de su ley.

Antes de enunciar la ley de Ohm, comentemos en qué consiste cada uno de estos parámetros. Para ello podemos utilizar una analogía hidráulica: el voltaje se puede ver como el nivel de agua que tiene un tanque, mientras que la corriente es el equivalente al flujo de agua en la tubería. La resistencia eléctrica se puede analizar como la resistencia de la tubería al paso del agua.

Por lo tanto, puede existir agua en el tanque (voltaje), pero sólo hasta que se abra la llave (se cierre el circuito), se tendrá el flujo de agua (corriente). Ohm descubrió que mientras más grande sea la resistencia (un tubo más pequeño), menos corriente (agua) fluirá, y viceversa; y que la corriente varía conforme lo hace el voltaje (a mayor nivel de agua en el tanque podremos tener más flujo de agua y viceversa).

En esta ocasión vuelvo a seguir el consejo del gran científico Stephen Hawking (sobre no incluir ecuaciones en un texto de divulgación), pero me permito transcribirla: La ley de Ohm enuncia que "la corriente que fluye a través de un circuito eléctrico es directamente proporcional al voltaje aplicado e inversamente proporcional a la resistencia". Este enunciado sencillo es básico para cualquier estudio de la electricidad y su aplicación está presente en todos los análisis de circuitos eléctricos.

LA CÁTEDRA

No se sabe con exactitud porqué le fue tan difícil a Ohm que su trabajo fuera reconocido por los académicos y científicos. Algunos historiadores deducen que fue debido principalmente a las diferencias que tenía con quienes ocupaban puestos en el Ministerio de Educación y con algunos eminentes profesores. Esto, además de su carácter introvertido y de la forma como presentó sus resultados.

Sin embargo, con el tiempo, comenzaron a llegar los reconocimientos: la Royal Society de Londres lo acepta como miembro en 1842, además de las Academias de Berlín, Turín y Baviera. Por fin, después de buscarlo por muchos años, en 1849 le ofrecen el puesto de profesor en la Universidad de Múnich y, en 1852 –dos años antes de su muerte–, ocupa la cátedra de física en esta universidad.

Georg Simon Ohm falleció el 6 de julio de 1854 en Múnich, Baviera. En su honor a la unidad de resistencia eléctrica se le denominó "Ohm".

EL LEGADO

La gran aportación de Georg Ohm es la ley que lleva su nombre, la cual expresa el comportamiento de la electricidad en un circuito. Dicho principio resultó fundamental para todos los estudios posteriores en esta área. Pasó casi toda su vida en la pobreza, con la esperanza de realizar aportaciones al desarrollo científico con el fin de lograr su gran meta: ser profesor universitario.

En estos días en que en México las palabras "profesor" y "maestro" se encuentran muy devaluadas, debido a personas que no merecen llamarse así, es bueno recordar a este científico, quien toda su vida buscó serlo. Además espero sea un homenaje a todos aquellos buenos profesores que se dedican a formar personas en cualquier nivel.

Como ya se comentó, la ley de Ohm es el pan nuestro de cada día para todos aquellos que se dedican a alguna rama de la ingeniería eléctrica. Estoy seguro de que este texto les hará recordar momentos de su preparación o trabajo diario.

BIBLIOGRAFÍA

L.A. Geddes y L.E. Geddes, "How did Georg Simon Ohm do it?", IEEE Engineering in Medicine and Biology, May/Jun 1998.

F.A. Furfari, "Georg Simon Ohm (of Ohm´s Law), IEEE Industry Applications Magazine, Sept/Oct 2003.

http://www.nndb.com/people/649/000087388/

http://www.ecured.cu/index.php/Georg_Simon_Ohm

Fig. 5.1- Georg Simon Ohm

6. EL PROFESOR

Las leyes de voltaje y corriente de Kirchhoff son ampliamente utilizadas por todos los estudiantes de ingeniería eléctrica o ramas afines. Sin embargo, la gran mayoría de los alumnos no sabe que fueron enunciados cuando su autor tenía su misma edad y cursaba sus estudios universitarios, hace ciento setenta años. En este capítulo comentaremos sobre este científico, su vida y principales aportaciones a la ciencia.

PRUSIA

Gustav Robert Kirchhoff nació el 12 de marzo de 1824 en Königsberg, Prusia (hoy Kaliningrado, Rusia). Hijo de un juez, quien formaba parte de un cuerpo de funcionarios de estado altamente disciplinados y con un gran sentido del deber. Gustav fue un niño sumamente inquieto y tuvo una infancia muy feliz, en compañía de sus padres y sus dos hermanos. Su padre tenía la firme convicción de que sus hijos también formaran parte de ese grupo de funcionarios comprometidos con el Gobierno prusiano.

Kirchhoff estudió el bachillerato en su ciudad natal e ingresó a la Universidad Albertus de Königsberg, en 1842. Su tutor en la universidad fue Franz Ernst Neumann, un profesor interesado en la nueva ciencia del electromagnetismo, quien tuvo gran influencia en la formación académica de Kirchhoff.

Su gran contribución a la ingeniería eléctrica la realiza muy joven, a la edad de 21 años, cuando se encontraba a la mitad de sus estudios universitarios. En 1845 publica su primer artículo, en la revista "Annalen der Physik und Chemie" (Anales de física y química) en el cual presenta sus leyes sobre voltaje y corriente, las cuales son una continuación de la ley enunciada por George Ohm.

Su investigación parte del análisis de los circuitos eléctricos, en particular para encontrar la corriente y el voltaje en cada uno de sus elementos. Sus estudios sirvieron para afianzar la ley de Ohm (de la cual hablamos en el artículo anterior), además de que le dieron mayores fundamentos matemáticos y ayudaron a realizar los primeros análisis de problemas en las redes eléctricas.

Kirchhoff se graduó de la universidad en 1847 y en ese mismo año contrajo nupcias con Clara Richelot –hija de su profesor de matemáticas–. Se le otorgó una beca para continuar sus estudios en París, sin embargo, los conflictos sociales que había en esa ciudad lo hacen rechazar la beca para aceptar un puesto como tutor en la Universidad de Berlín, en 1848.

En 1850 se muda, junto con su familia, a Breslau, Prusia (hoy Polonia), donde comienza a laborar en la universidad de esta ciudad como profesor de física, además de que continúa con sus experimentos sobre la electricidad. Al año siguiente llega a la Universidad de Breslau el profesor Robert Bunsen a realizar una estancia por un año.

A su regreso a la Universidad de Heidelberg, Bunsen recomienda ampliamente la contratación de Kirchhoff, por lo que –aunado al prestigio con que ya contaba- le ofrecen el puesto de profesor y Kirchhoff lo acepta con agrado, en 1854. Es con el profesor Bunsen con quien Kirchhoff realiza la mayor parte de sus investigaciones y contribuciones a la ciencia. Además, desarrollan una fuerte amistad que duraría toda la vida.

LAS LEYES

La importancia de las leyes de Kirchhoff para la ingeniería eléctrica se debe a que permitieron los primeros análisis de circuitos, además de que –como ya se comentó- afianzaron el establecimiento de la ley de Ohm. Kirchhoff promulgó dos leyes al respecto, la primera habla sobre la distribución de voltajes en un circuito, mientras que la segunda define la distribución de corrientes.

Sobre las corrientes Kirchhoff enunció el siguiente principio sobre las corrientes eléctricas (que puede parecer obvio en estos tiempos, pero hay que ubicarlo en los inicios del uso de las redes eléctricas): "la suma de las corrientes que entran a un nodo es igual a la suma de las corrientes que salen del mismo". Si utilizamos nuevamente la analogía hidráulica, podemos establecer que el flujo de agua que entra a una casa, por ejemplo, es igual a la suma de los flujos que salen por todas las llaves.

HEIDELBERG

En la Universidad de Heidelberg, entre los años de 1854 a 1874, Kirchhoff realiza su principal labor como profesor e investigador. Aunque a los 21 años ya había realizado una gran contribución a la ciencia –con la que su nombre quedó inmortalizado–, eso fue apenas el inicio de sus investigaciones. Posteriormente, realizó importante aportaciones en el campo del análisis de espectros, esto es, el análisis de la composición de la luz que desprende un material al llevarlo a la incandescencia (espectroscopía).

Fue gracias al uso de esta técnica que Kirchhoff y Bunsen descubrieron varios elementos, como el cesio, en 1860, y el rubidio, en 1862 (para finales del siglo XIX otros científicos habían descubierto diez nuevos elementos con el uso de la espectroscopía). Además, mediante el análisis espectral de la luz del Sol descubrieron los elementos que se encuentran en nuestra principal estrella.

Kirchhoff solía contarle a un amigo banquero que estaba investigando si había oro en el Sol, a lo que su amigo –un hombre de negocios, práctico obviamente- respondía: "¡Y qué me importa si hay, si no lo puedo traer a la Tierra!". Años después, cuando le otorgaron una medalla –y un premio en oro- por sus investigaciones sobre la composición del Sol, Kirchhoff le dijo a su amigo: "¡Ya ves, sí pude traer oro del Sol!"

Otra gran aportación científica de Kirchhoff lo constituye su teoría general de emisión y radiación de los cuerpos, la cual fue muy importante en el desarrollo de las leyes de la termodinámica. Años después, el gran científico Max Planck (quien fue el sucesor de Kirchhoff en la cátedra de física teórica en la Universidad de Berlín) utilizó estos principios para el desarrollo de la mecánica cuántica (una de las grandes aportaciones en el estudio de la física en el siglo XX, junto con la teoría de la relatividad).

LA DISCAPACIDAD

Kirchhoff sufrió un accidente en 1869, al caer de una escalera, lo que lo obligó a usar muletas o silla de ruedas durante varios años. Además, debido a sus experimentos en la espectroscopía y a la exposición prolongada de sus ojos a la luz solar, tuvo una grave pérdida de la vista. En cierto momento su médico le prohibió leer (lo cual debió ser una tragedia para alguien que había sido profesor toda su vida). Sin embargo, nunca perdió su alegría y excelente sentido del humor, además de que no faltó a sus deberes en la universidad. Aunque al final dejó los experimentos de laboratorio y se dedicó sólo a la física teórica.

Su esposa Clara, con quien tuvo cuatro hijos, falleció en 1869. Kirchhoff contrajo nupcias nuevamente con Karolina Brömel –quien era la superintendente del hospital universitario, y especialista en padecimientos de los ojos– en 1872. A pesar del deterioro de su salud, Kirchhoff mantuvo siempre una actitud positiva y también fue feliz en su segundo matrimonio.

Durante su estancia en Heidelberg tuvo varias ofertas de otras universidades, las cuales rechazó. Sin embargo, en 1875 acepta la cátedra de física teórica en la Universidad de Berlín, la cual ocupó durante once años, hasta que su estado de salud lo obligó a retirarse en 1886. Kirchhoff murió de forma tranquila, en su casa, el 17 de octubre de 1887.

EL LEGADO

Las leyes de Kirchhoff resultaron fundamentales para el desarrollo de la ingeniería eléctrica. Sin embargo, esa fue su primera aportación, ya que además realizó contribuciones en otras áreas de la ciencia. Esto aunado al gran número de físicos, ingenieros, investigadores, etc., que formó en su paso por varias universidades (Heinrich Hertz fue su alumno, por ejemplo).

Queda aquí el reconocimiento para este gran científico, viejo conocido de todos los que se dedican a cualquier área de la ingeniería eléctrica.

BIBLIOGRAFÍA

A.S. Inan, "What did Gustav Robert Kirchhoff stumble upon 150 years ago?", Proceedings of 2010 IEEE International Symposium on Circuits and Systems (ISCAS), 2010.

http://www.encyclopedia.com/topic/Gustav_Robert_Kirchhoff.aspx

Fig. 6.1- Gustav Robert Kirchhoff.

7. EL SEÑOR DE LAS SERIES

Si usted es de los que piensan que las matemáticas no sirven para nada en la vida diaria, le diré, como ejemplo, que existe una teoría desarrollada hace doscientos años, gracias a la cual son posibles las comunicaciones por celular, el procesamiento de imágenes, los equipos de audio, así como la medición de las redes eléctricas, entre otras aplicaciones.

Del desarrollo de esta teoría matemática y del genio que la enunció hablaremos en este capítulo.

LOS PRIMEROS AÑOS

Jean Baptiste Joseph Fourier nació el 21 de marzo de 1768, en Auxerre, Francia. Hijo de un sastre, fue el noveno de doce hermanos, y perdió a sus padres a la edad de ocho años. Una amiga de la familia se dio cuenta del talento de Fourier y pagó su educación en una escuela militar dirigida por monjes benedictinos.

Es en esta escuela donde descubre su pasión por las matemáticas, y le da rienda suelta, además de prepararse como oficial. Estudiaba por las noches, con la ayuda de restos de velas que recolectaba durante el día. Los archivos escolares indican que obtuvo premios en retórica, canto, matemáticas y mecánica.

Después de terminar su educación básica en 1787, Fourier intenta continuar con su preparación como militar en París, pero su solicitud es rechazada –probablemente porque no pertenecía a la nobleza–, así que toma el otro camino disponible para estudiar en esa época: el clero. Ingresa como novicio en una abadía benedictina, donde pronto empieza a destacar en física y matemáticas (y comienzan sus dudas sobre si tenía vocación para el sacerdocio).

LA REVOLUCIÓN

En el año de 1789 envía su primer artículo a la Academia de Ciencias, el cual es aceptado. Sin embargo, su publicación se canceló debido al inicio de la Revolución francesa en julio de ese año. Fourier dejó la abadía y regresó a su ciudad natal a laborar como profesor en la escuela militar de los benedictinos.

Fourier se comprometió con la Revolución francesa, y creyó firmemente en sus principios de igualdad y fraternidad. Incluso, se afilió al Comité de Vigilancia de Auxerre. Sin embargo, en 1794, sus críticas al partido jacobino durante el Reinado del terror de Robespierre, ocasionaron que fuera arrestado y condenado a morir en la guillotina.

El clamor popular a favor de Fourier fue tan grande que tuvo que ser liberado, aunque varios días después la orden de aprehensión fue emitida nuevamente. Una vez más, la gente de su ciudad natal acudió en su defensa. Sin embargo, en esos días Robespierre y otros líderes del partido jacobino fueron arrestados y guillotinados, con lo que el Reinado del terror finalizó, y Fourier fue liberado.

En 1795 reabrió sus puertas la Escuela Normal de París. Obviamente, Fourier fue elegido para ingresar a esta escuela, en la que impartían clases matemáticos de la talla de Lagrange, Laplace y Monge. Lamentablemente, por la situación política la escuela tuvo que cerrar unos meses después. Sin embargo, ese corto tiempo bastó para que la capacidad de Fourier impresionara a sus profesores.

Los alumnos fueron trasladados a la Escuela Politécnica, pero Fourier ya rebasaba la edad límite para ingresar como alumno. Este inconveniente fue resuelto por su profesor Monge, quien consiguió que fuera contratado como asistente, y para 1797 ocupa un puesto de profesor.

Fourier tuvo que soportar otro arresto, ahora debido a su pasado jacobino, y esta vez la defensa estuvo a cargo de sus profesores y alumnos, por lo que nuevamente fue liberado.

NAPOLEÓN

En el año de 1798 Napoleón Bonaparte partió a la conquista de Egipto; junto con él, además de treinta mil soldados, iba una expedición científica, de la cual Fourier formaba parte. Uno de los logros de dicha expedición fue el descubrimiento de la piedra Rosetta, pieza clave para el desciframiento de los jeroglíficos egipcios (aunque al final quedó en manos de los ingleses).

Fourier permaneció dos años en Egipto, y cuando pensaba en regresar a la Escuela Politécnica, Napoleón –impresionado por su capacidad como administrador y militar– le otorga la prefectura del departamento de Isere, con sede en Grenoble. Además, lo nombró caballero de la Legión de Honor, y le otorgó el título de barón.

A pesar de que su trabajo político y administrativo le demandaba todo su tiempo, Fourier continúa con el desarrollo de sus teorías matemáticas. En 1807, varios colegas suyos intentan convencer a Napoleón de que lo libere de ese puesto, pero ni siquiera accede a considerarlo.

LA TEORÍA

El lugar distinguido que ocupa Fourier como físico y matemático se debe principalmente a su teoría sobre la difusión de calor, la cual desarrolló en 1807. En ese año sometió a la consideración del Instituto de Francia, en París, su ensayo titulado

"Teoría analítica del calor". Su trabajo está basado en el desarrollo de series trigonométricas para explicar el comportamiento del calor en un cuerpo sólido.

Desafortunadamente, su trabajo no fue aceptado –debido a la oposición de Lagrange–. En 1811 el Instituto de Francia lanza una convocatoria para elegir al mejor trabajo matemático en teoría del calor, y aunque Fourier obtiene el premio, su obra no es publicada. Es entonces cuando se da cuenta de que la única forma en que su trabajo puede ser publicado es en forma de libro.

Los arrestos por motivos políticos persiguieron a Fourier durante toda su vida, ya que en 1814, con la abdicación de Napoleón, el nuevo Gobierno quiso juzgarlo por su cercanía con el Emperador. Después, cuando Napoleón volvió del destierro lo retiró de su cargo, aunque debido al gran respeto que le guardaba, le ofreció la prefectura de otro departamento (o la cárcel, si no aceptaba).

LOS ÚLTIMOS AÑOS

Con la derrota de Napoleón en la Batalla de Waterloo, Fourier quedó libre de sus compromisos políticos (aunque otra vez, no fue bien visto por el nuevo Gobierno) y se dedicó a la publicación de su teoría. Por fin, en 1817 ve publicada su obra, y en 1822 ingresa a la Academia de Ciencias.

Fourier nunca se casó, aunque sentía una especial atracción por las mujeres inteligentes, como la matemática Sophie Germain. Casi toda su vida padeció problemas reumáticos, los cuales se agravaron al final. Jean Baptiste Joseph Fourier falleció el 16 de mayo de 1830.

EL LEGADO

Aunque su teoría se centraba en el comportamiento del calor en los cuerpos sólidos, su desarrollo en series trigonométricas resultó aplicable a muchas disciplinas que aparecieron más de ciento cincuenta años después. Las Series de Fourier se aplican hoy en día a las comunicaciones vía celular, así como al procesamiento de imágenes y de audio. Además de que son básicas para el procesamiento por computadora de varios fenómenos, entre ellos los que ocurren en las redes eléctricas.

Las Series de Fourier constituyen un gran reto para todos los estudiantes de ingeniería, y un motivo de orgullo cuando se logran comprender. De acuerdo al gran científico inglés William Thomson (Lord Kelvin), el Teorema de Fourier es un poema matemático.

BIBLIOGRAFÍA

Stephen Hawking, "Dios creó los números", Crítica, Barcelona, 2005.

F. S. Shoucair, "Joseph Fourier´s analytical theory of heat: a legacy to science and engineering", IEEE Transactions on Education, Vol. 32, No. 3, Agosto 1989.

P. J. Masson, et al, "Fourier series: visualizing Joseph Fourier´s imaginative discovery via FEA and time-frequency decomposition", 13th International Conference on Harmonics and Power Quality, ICHQP 2008, Australia.

Fig. 7.1- Jean Baptiste Joseph Fourier.

8. EL HOMBRE LÓGICO

Todo estudiante de electrónica o computación se ha topado alguna vez con la lógica booleana, la cual define la forma de operar de ciertos circuitos electrónicos, en forma de razonamiento. Pero quizás nunca ha pensado que estas leyes fueron expresadas muchos años antes de que naciera la electrónica.

Del hombre que desarrolló los principios de la lógica, los cuales se utilizan actualmente en el procesamiento por computadora y los circuitos digitales, hablaremos en este capítulo.

LOS PRIMEROS AÑOS

George Boole nació el 2 de noviembre de 1815, en Lincoln, Inglaterra. Su padre, John Boole, había partido a Londres a principios de siglo en busca de fortuna. Aunque no la consiguió, sí conoció a una joven de nombre Mary Ann Joyce, quien trabajaba como sirvienta, y se casaron en 1806.

Debido al elevado costo de vida en Londres, sus padres decidieron mudarse a Lincoln, donde establecieron una zapatería, y después de nueve años de matrimonio nació George, al que le siguieron una niña y dos niños más. Aunque su familia tenía poca educación y su nivel de vida era humilde, su padre tenía interés en la ciencia, y se preocupó en inculcarle a su hijo ese amor al conocimiento.

A muy corta edad Boole construyó –con ayuda de su padre– telescopios, cámaras, caleidoscopios, microscopios y relojes de sol. También mostró desde niño una gran habilidad para las lenguas. Aunque asistió a escuelas de nivel modesto, sus deseos de aprender hicieron que estudiara de forma autodidacta latín, griego, francés, alemán, italiano, así como álgebra.

EL PROFESOR

De no haber sido de extracción humilde, muy probablemente habría estudiado en Oxford o Cambridge, pero su condición no se lo permitía. En 1831 el negocio de su padre quebró, y Boole, a los dieciséis años, tuvo que hacerse cargo del mantenimiento de su familia.

Boole inició su labor como profesor asistente, aunque pronto vio que el sueldo no alcanzaría para mantener a su familia, por lo que decidió abrir su propia academia. En 1838, a la muerte de su director, le ofrecen hacerse cargo de la Academia Waddington, en donde había trabajado. Aunque sus ingresos habían mejorado, no era el dueño de la academia, por lo que decide, con ayuda de su familia, abrir nuevamente una escuela, en 1840.

Por decreto real, en 1846 se establecieron tres nuevos Queen´s Colleges en Irlanda (hoy University College Cork), y Boole vio la oportunidad que había esperado para postularse como profesor de tiempo completo en una universidad. Sin embargo, la apertura de dichas universidades se retrasó por los problemas que hubo en Irlanda en ese año.

Lo anterior debido principalmente a la llamada "hambruna de la patata", provocada por la escasez de este alimento, el cual había sido traído de América y constituía una pieza clave para saciar el hambre que se vivía en ciertas regiones y períodos en Europa.

Por fin, después de esperar tres años –y sufrir la pérdida de su padre–, en agosto de 1849 se convirtió en el primer profesor de matemáticas del Queen´s College Cork, que abrió sus puertas a los jóvenes estudiantes en noviembre de ese año. Su nivel intelectual y su excelente trato lo llevaron a ser nombrado decano de la Facultad en 1851.

LAS OBRAS

Una vez establecido como profesor universitario en Cork, inicia su época más productiva, con la publicación de varios artículos y libros, en los cuales expresa sus teorías matemáticas y obtiene el reconocimiento general. En 1854 Boole publica su obra maestra: "Una investigación de las leyes del pensamiento en las cuales están fundadas las teorías matemáticas de lógica y probabilidad"

En este libro, conocido como "Las leyes del pensamiento", expresa los principios que rigen el razonamiento, y establece las bases de la lógica. El gran filósofo Bertrand Russell lo llamó "El trabajo en el cual las matemáticas puras fueron descubiertas". Boole fue electo miembro de la Royal Society de Londres el 11 de julio de 1857. Además, se le otorgaron varios doctorados honorarios, entre otros reconocimientos.

La lógica booleana y sus operaciones de "cierto" o "falso" encontraron una gran aplicación un siglo después, en el desarrollo de circuitos eléctricos y computadoras que funcionan con operaciones de "uno" y "cero" (circuito abierto o circuito cerrado).

MATRIMONIO

Boole conoció a Mary Everest, su futura esposa, en 1851, cuando ella fue a visitar a su tío, un profesor y amigo suyo, en Cork. A pesar de que Boole alguna vez confesó ser un romántico que se enamoraba y desengañaba con facilidad, no parece haber existido una gran pasión cuando se empezaron a tratar.

La relación inició como profesor-alumna, ya que Boole le daba clases de matemáticas. Esto, además de la diferencia de edad, ya que él contaba con treinta y cinco años, mientras que ella tenía dieciocho. Por cierto, Mary era sobrina de George Everest, la persona que realizó los primeros estudios sobre el famoso monte –el cual fue nombrado en su honor–, por lo que la ciencia no le era ajena.

El padre de Mary fallece en 1855, por lo que Boole la toma bajo su protección y le pide matrimonio. George Boole y Mary Everest se casaron el 11 de septiembre de ese año. Exactamente nueve meses y una semana después de su boda, Mary dio a luz a su primera hija, a la que siguieron otras cuatro niñas; la más pequeña nació en 1864. Su matrimonio fue muy feliz, aunque desgraciadamente sólo duró unos años.

EL FINAL

El 24 de noviembre de 1864 Boole recorrió a pie los cinco kilómetros que separaban su casa de la universidad, tal como acostumbraba hacerlo, con el fin de asistir a su clase. Sin embargo, en esa ocasión lo hizo bajo una lluvia torrencial. Antes de llegar al salón, no se molestó en secarse o cambiarse de ropa, y al final de la clase ya sufría de una severa fiebre.

Siempre había tenido una salud delicada, por lo que regresó a su casa muy enfermo. Su esposa era una seguidora de la naciente ciencia de la homeopatía, y administró a Boole un tratamiento consistente en vasos de agua fría para –según ella– curarlo. Obviamente, la situación de Boole empeoró, y aunque después de varios días decidió llamar a un médico, su marido ya se encontraba en coma profundo.

George Boole falleció de neumonía el 8 de diciembre de 1864, a la edad de cuarenta y nueve años. Sólo podemos imaginar hasta donde habría llegado su mente de no haber sido porque consideraba a su clase un deber sagrado, que una tormenta no debía de cancelar –algo digno de alabarse–, y en especial, si su esposa no hubiera sido una fiel seguidora de la homeopatía.

EL LEGADO

La obra de Boole abrió un mundo completamente nuevo para las matemáticas. Su álgebra boolena estableció las bases para el comportamiento de los modernos sistemas microelectrónicos y el procesamiento por computadora.

Boole consideraba al cerebro humano como la mayor creación de Dios, y pensaba que su funcionamiento podía expresarse a través de un análisis matemático. Queda aquí el reconocimiento para esta gran mente, que potenció el uso de las matemáticas a niveles insospechados.

BIBLIOGRAFÍA

Stephen Hawking, "Dios creó los números", Crítica, Barcelona, 2005.

http://georgeboole.com/boole/life/

http://plato.stanford.edu/entries/boole/

Fig. 8.1- George Boole.

9. LA GUERRA DE LAS CORRIENTES ELÉCTRICAS

Si en este momento le preguntara al lector en qué fase se encuentra la luna el día de hoy, es muy probable que no pudiera contestar correctamente. La razón principal es que, hace poco más de un siglo, la humanidad (al menos la parte que vive en las ciudades) comenzó a dejar de mirar al cielo, debido al desarrollo de la iluminación eléctrica. Este fue uno de los cambios introducidos en la civilización, junto con una variedad de aparatos eléctricos que hicieron más cómoda la vida diaria.

Los responsables del inicio de estos cambios, que en menos de cien años llevaron al desarrollo de las computadoras y vuelos espaciales, fueron los genios Thomas Alva Edison y Nikola Tesla, cuyas interesantes vidas trataremos brevemente a continuación, así como la pugna que tuvo lugar con el fin de establecer el sistema de generación, transmisión y distribución de energía eléctrica.

EL MAGO DE MENLO PARK

El gran inventor Thomas Alva Edison nació en el puerto de Millan, Ohio, el 11 de febrero de 1847, pero se crió en Port Huron, Michigan. Era el hijo de un comerciante y de una madre que dirigía una casa de huéspedes. Recibió muy poca educación formal, siendo educado principalmente por su madre, quien había sido maestra por breve tiempo. A los trece años consiguió un empleo como vendedor de periódicos y, en cierto momento, gastó la fabulosa cantidad de dos dólares (su salario de dos días) para inscribirse en la biblioteca pública de Detroit.

Edison solía contar que una vez, cuando corría con sus periódicos para subirse a un tren en marcha, alguien lo tomó de las orejas y lo jaló, y que en ese momento sintió que algo tronaba en su cabeza, con lo que comenzó su sordera. Como era un optimista vio esta limitación como una ventaja, ya que era una barrera que lo aislaba de las distracciones y le permitía concentrarse en su trabajo.

Su curiosidad innata por todas las cosas mecánicas lo hicieron acercarse a la compañía de telégrafos, donde consiguió un empleo. Muy pronto sobresalió por su dedicación al trabajo y sus habilidades especiales. Era la época de la guerra civil, por lo que los telegrafistas eran muy demandados; obtiene tal reputación que le pagan un sueldo de 400 dólares mensuales, lo que le sirve para entrar de lleno al mundo de la invención. Invierte sus ganancias en Menlo Park, lugar donde pensaba establecer un laboratorio para dedicarse por completo a desarrollar inventos (algo impensable en esa época).

La clave de cualquier trabajo de Edison era su aplicación: cuando surgía una idea, se preguntaba a sí mismo si sería interesante desde el punto de vista industrial, y si sería mejor que lo ya existente. Edison estableció el concepto de un laboratorio asociado a una compañía, y dedicado a desarrollar nuevos productos, tal como lo hacen hoy en día las grandes empresas.

A finales de 1877, Edison anunció a un reportero del New York Sun que él sería el Prometeo que traería la luz a América y al mundo, mediante la invención de una lámpara que funcionara con electricidad (durante cuarenta años científicos de varios países habían fracasado en su intento de crearla). Tal era la reputación de Edison, que ante este anuncio, las acciones de las compañías de gas comenzaron a bajar. A él se le atribuye la invención de la luz eléctrica, pero lo que le permitió tener tanto éxito profesional fue su visión para organizar su laboratorio como una empresa. No sólo inventó la lámpara incandescente, sino una nueva forma de relacionarse entre el capital privado y la investigación científica (algo que sigue siendo complicado hasta el día de hoy).

Sin embargo, un defecto de Edison radicaba en que no reconocía los inventos de otros. Por ejemplo, en los años veinte denigró a la radio comercial, ya que odiaba la idea de que alguien escuchara la música que otro escogía (al contrario de su fonógrafo, en el cual cada quien escuchaba sus melodías favoritas). Cuando se dio cuenta de su error y quiso entrar a dicho mercado fue demasiado tarde, ya que el éxito de la radio era inmenso y ya existían muchos competidores.

Otro de los desarrollos de Edison consistía en un sistema de generación eléctrica, en corriente directa y a bajo voltaje, con el fin de alimentar a las lámparas incandescentes e iluminar las principales zonas de la ciudad de Nueva York.

Antes de continuar, hagamos un breve paréntesis para comentar las características de la corriente alterna (CA) y la corriente directa (CD). En esta última la corriente circula siempre en el mismo sentido, mientras que el voltaje tiene una polaridad fija, por lo que se representa como una línea recta. Por otro lado, la CA presenta un voltaje que cambia de polaridad cada medio ciclo, con forma de onda sinusoidal, y su corriente va alternando su sentido cada medio ciclo. La gran ventaja de la CA consiste en que puede aumentar o disminuir su valor de una manera sencilla, utilizando un transformador. De esta manera, al elevar el voltaje para transmitirlo a grandes distancias se disminuye su corriente y, por lo tanto, bajan las pérdidas en las líneas de transmisión.

EL INMIGRANTE

Nikola Tesla nació el 10 de julio de 1856, en la Villa de Smiljan, provincia de Lika, en la frontera militar del Imperio Austrohúngaro, hoy Croacia. Su arribo al mundo fue en la pequeña casa contigua a la Iglesia Ortodoxa del pueblo, la cual era presidida por su padre, el Reverendo Milutin Tesla, quien firmaba sus artículos con el sobrenombre de "Hombre de justicia". Fue el cuarto de cinco hijos del matrimonio formado por el

Ministro y Duka Mandil (de quien Tesla aseguraba haber heredado su memoria fotográfica y su genio inventivo).

En esa época el futuro profesional de los hombres en su país sólo podía estar en el Ejército o en la Iglesia, y para las mujeres, casarse con un militar o un ministro, tal como había sucedido por generaciones en la familia Tesla. Su padre estaba empeñado en que su único hijo varón (el mayor había muerto en un accidente) siguiera sus pasos en la Iglesia Ortodoxa, pero Nikola deseaba estudiar ingeniería.

El hecho que cambió su destino fue cuando Tesla enfermó de cólera en su adolescencia y, estando al borde de la muerte, su padre le prometió que le permitiría estudiar lo que él deseara. De forma casi milagrosa, Tesla se recupera, por lo que ingresa a la Escuela Politécnica de Austria, en Graz, en 1875.

Durante su primer año, cuenta con una beca proporcionada por la autoridad militar y, por lo tanto, no tiene problemas económicos. De todas maneras, trabaja desde las tres de la mañana hasta las once de la noche, todos los días, con estudios de física, matemáticas y mecánica con el fin de aprobar las materias de dos años en uno.

El responsable de introducir a Tesla en el mundo de las máquinas eléctricas fue su profesor alemán de Física, el Sr. Poeschl, quien cierto día recibió una máquina de CD, la cual podía trabajar como motor o generador. Después de analizar el funcionamiento de la máquina y de observar las chispas que generaba, le sugirió a su profesor que podría mejorarse utilizando CA, en lugar de CD, a lo que éste le contestó que conseguir lo que mencionaba, sería el equivalente a inventar una máquina de movimiento perpetuo.

A pesar de sus cualidades académicas pronto tuvo que dejar la escuela, ya que le fue suspendida la beca y el sueldo de su padre como ministro de la Iglesia no alcanzaba para mantener sus estudios. Con el apoyo de su madre se muda a Praga para continuar su preparación, sin embargo, comienza a llevar una vida desordenada y se aficiona al juego. No se cuenta con registro alguno de que haya estudiado en alguna universidad de Praga, por lo que se cree que asistió durante varios años como oyente a los cursos y completó su formación de manera autodidacta.

En 1879 muere su padre y Tesla regresa a su casa, aún con su afición al juego, hasta que un día su madre le entrega un fajo de billetes, diciéndole que vaya a gastarlo todo, y entre más pronto, mejor. Estas palabras hacen mella en él, y nunca más en su vida vuelve a jugar cartas.

Después de la muerte de su padre Tesla se muda a Budapest, a trabajar en una nueva compañía telefónica. Con el fin de mejorar su salud, la cual se había deteriorado en los últimos meses, comienza a hacer ejercicio. Cierto día de febrero de 1882, mientras caminaba con un amigo por el parque, comienza a recitar un poema del Fausto, de

Goethe, para celebrar el bello atardecer. En ese momento, una idea llega a su mente con la claridad de un relámpago, tiene una visión sobre el funcionamiento del motor de CA, incluso le dice a su amigo: "¿No es hermoso, sublime, tan simple? He resuelto el problema, ahora puedo morir tranquilo... pero no puedo morir, debo vivir y trabajar duro para brindarle al mundo este motor. Nunca más los hombres volverán a realizar tareas tan duras, mi motor los liberará".

Tesla viaja a París, donde conoce a algunos de los colaboradores de Edison, y responsables de sus empresas en Europa. El joven Tesla rápidamente destaca entre la comunidad de ingenieros como alguien capaz de solucionar los problemas eléctricos más complejos. Habla un inglés fluido aunque con un fuerte acento, domina varios idiomas, entre ellos el francés y el alemán.

Empieza a proponer su sistema eléctrico, pero en esos días en que los conocimientos sobre electricidad eran bastante primitivos, y únicamente sobre el sistema de CD, ¿quién iba a entender la importancia del sistema polifásico de CA propuesto por Tesla? Además, si el gran inventor americano, Thomas Edison, ya estaba instalando su sistema de CD, ¿a quién le iban a interesar las ideas raras de este extraño ingeniero recién llegado?

Aunque sus colegas lo ven como un ingeniero muy capaz, se distingue también como un tipo raro: contaba en silencio los pasos que daba todos los días desde su casa a su trabajo, cada actividad que realizaba debería ser divisible entre tres (daba veintisiete vueltas en el río Sena), antes de beber o comer algo, calculaba su volumen, le disgustaba profundamente saludar de mano, tenía una tremenda aversión a los aretes de las mujeres, especialmente a aquellos que llevaban una perla, y decía que sólo tocaría el cabello de otra persona obligado con una pistola apuntándole a la cabeza.

Uno de los colaboradores de Edison le propone que viaje a los Estados Unidos, para que se entreviste con su jefe. Tesla desembarca en Nueva York, tal como lo hicieron cientos de miles de inmigrantes europeos durante el siglo XIX, el 6 de junio de 1884. Su primera entrevista con Edison la recordaría como uno de los eventos memorables en su vida.

Comienza a trabajar con él, sin embargo, sólo dura un año; era muy difícil que dos genios de personalidades tan opuestas llegaran a congeniar, Tesla abandona el trabajo después de que Edison se negara a pagarle cincuenta mil dólares prometidos, según él, por una serie de trabajos y mejoras a las máquinas (relató que Edison le contestó que no entendía el humor americano, aduciendo que había sido una broma).

LA GUERRA

La realidad era que Edison estaba aferrado a su sistema de CD, y jamás aceptaría cualquier cambio que involucrara la introducción de un sistema de CA. Sin embargo, el sistema de Edison consistía en generar bajo voltaje, por lo que no podía viajar demasiado, debido a las pérdidas en las líneas de transmisión. Si la electricidad tenía que viajar grandes distancias (con las ventajas que esto representa, ya que las plantas de generación estarían fuera de las ciudades), definitivamente, habría que utilizar un sistema de CA.

Una persona muy importante en el establecimiento del sistema de CA, fue el empresario e inventor George Westinghouse. A diferencia de Edison, quien anunciaba cada uno de sus inventos con bombo y platillo, George Westinghouse, introdujo su revolución de CA silenciosamente. Adquirió las patentes de un sistema de generación de CA, con lo que, para 1887, contaba con treinta plantas en operación, compitiendo con el sistema de CD de Edison.

Sin embargo, para que su sistema fuera perfecto y lograra implantarlo, necesitaba un motor de CA. En el siguiente año, Nikola Tesla presenta su conferencia "A New System of Alternate Current Motors and Transformers", en el American Institute of Electrical Engineers, con la cual se anota un rotundo éxito y se vuelve una celebridad entre la comunidad científica y tecnológica.

Su presentación no pudo haber sido en un momento mejor, el motor de CA de Tesla era la pieza que faltaba en el sistema propuesto de Westinghouse, quien lo invita a trabajar con él. Entre los dos surge una química especial y una idea común de que sería posible revolucionar el mundo con su sistema de generación eléctrica. Al mismo tiempo, Edison continúa sus ataques al sistema de Tesla (llega a pagar a niños para que le lleven gatos y perros para electrocutarlos con altos voltajes de CA).

Todo parece ir bien, pero tiempo después aparece un problema: los banqueros de Westinghouse detectan que el arreglo para el pago de regalías firmado con Tesla resulta demasiado ventajoso para el inventor y en algún momento podría resultar imposible pagarle, a riesgo de quebrar la empresa (Tesla se habría convertido en uno de los hombres más ricos del mundo).

Westinghouse habló con él y le explicó que la única forma de salvar la compañía es que renuncie al pago de sus regalías; Tesla, sin pensarlo demasiado, le contesta que fue él, Westinghouse, la única persona que creyó en su sistema de CA, y si tiene que renunciar a los pagos con el fin de salvar la compañía y electrificar al mundo, lo hará sin ningún problema, por lo que rompe el contrato.

La gran oportunidad de mostrar sus inventos al mundo llega con la Feria Mundial de Chicago, en 1893, en la cual ganan el contrato para la construcción de una central hidroeléctrica en las cataratas del Niágara. Debido principalmente a este evento, triunfa y se establece definitivamente el sistema de generación, transmisión y distribución de energía eléctrica de CA.

EL LEGADO

Edison se casó dos veces y fue un marido tan devoto, como alguien adicto al trabajo podía serlo. Tuvo seis hijos, quienes crecieron viéndolo como una figura lejana. Algunos se distanciaron de él y dos de ellos fundaron sus propias compañías. Edison murió en 1931, a la edad de 84 años, teniendo la admiración y el cariño de la gente. Aunque hacía ya tiempo que se había retirado de la industria eléctrica, su nombre seguía ligado a varias compañías. Sus inventos habían ayudado notablemente a transformar la vida diaria, haciéndola más cómoda. Edison ostenta una gran cantidad de patentes en los Estados Unidos: 1,093.

Nikola Tesla falleció el 7 de enero de 1943, en la habitación que ocupaba desde hacía varios meses en el hotel New Yorker, de Nueva York. Su legado no se restringe a los motores y generadores de CA, Tesla sentó las bases para el desarrollo de la radio, rayos X, válvulas de vacío, sistemas de alto voltaje, lámparas fluorescentes, y la robótica, entre otros.

Tesla vivió 86 años, suficientes para ver cumplido su sueño de electrificar al mundo, al iluminar a muchas naciones y con sus motores movió a la civilización, sin embargo, murió solo y sin dinero. A pesar de todo, siempre fue un idealista, por lo que solía decir: "continuamente experimento una gran satisfacción que no puedo expresar, al saber que mi sistema polifásico se utiliza para aligerar la carga de la humanidad y así, incrementar su comodidad y felicidad".

BIBLIOGRAFÍA

Margaret Cheney, "Tesla", Barnes & Noble, New York, 1981.

Jill Jones, "Empires of Light", Random House, New York, 2003.

T. C. Martin, "The Inventions, Researches and Writings of Nikola Tesla", Barnes & Noble, New York, 1995.

Fig. 9.1- Thomas A. Edison.

Fig. 9.2- Nikola Tesla

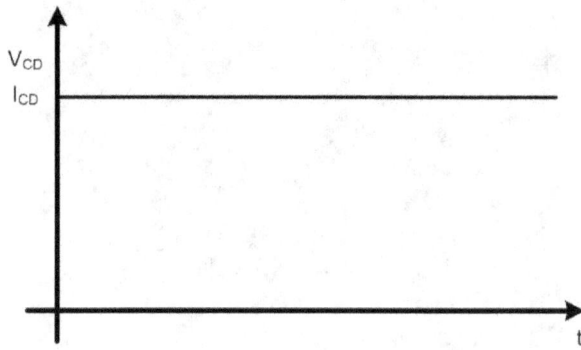

Fig- 9.3- Forma de onda de CD.

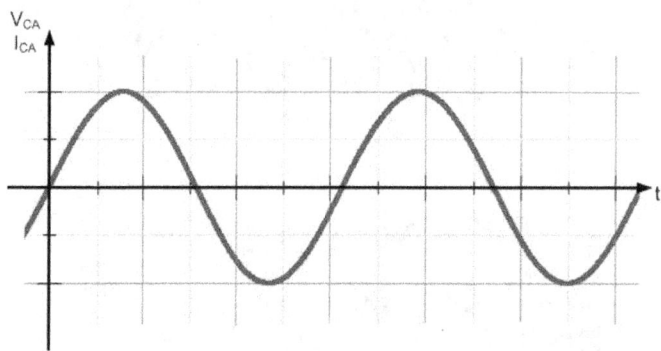

Fig- 9.4- Forma de onda de CA.

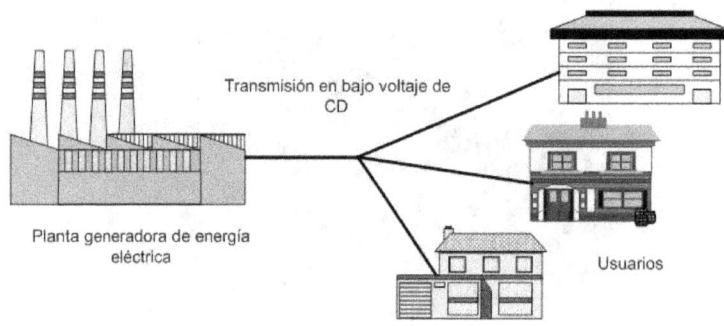

Fig. 9.5- Sistema de generación, transmisión y distribución en CD.

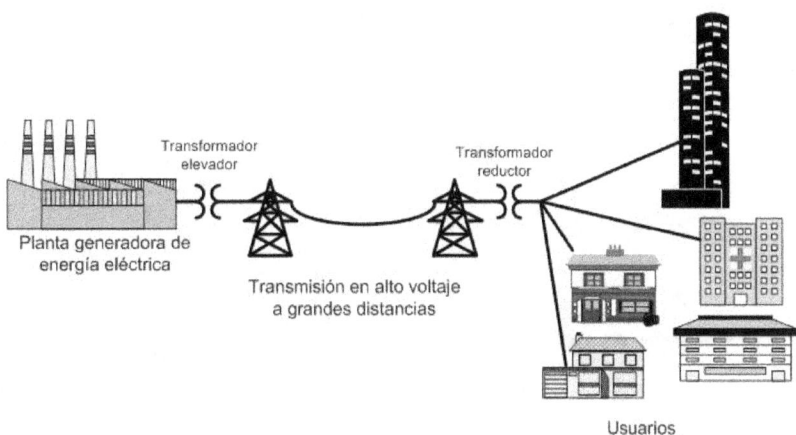

Fig. 9.6- Sistema de generación, transmisión y distribución en CA.

10. ENTREGA INMEDIATA

En el año de 1845 la pequeña localidad de Slough, en Inglaterra, fue sacudida por la noticia del asesinato de una joven señora. Cuando la policía interrogó a los vecinos, éstos le dijeron que habían visto salir de la casa a un hombre con vestimenta de cuáquero. Al preguntar en la estación de tren, el encargado les confirmó que una persona con esas características acababa de abordar el tren rumbo a Paddington.

No había forma de alcanzar el tren y el asesino probablemente habría escapado mediante un transbordo hacia otro destino. Sin embargo, la policía contaba ya con un invento revolucionario, el cual permitía la comunicación entre dos ciudades, aunque las separaran cientos de millas: el telégrafo.

Mediante el envío de un telegrama la policía de Paddington tuvo noticia de los hechos y al momento en que el asesino –de nombre John Tawell– bajaba del tren fue arrestado. Ésta fue la primera ocasión en que la policía utilizó los modernos sistemas de comunicación para aprehender a un prófugo de la justicia.

En esta era de las comunicaciones digitales –en la que algunas personas se molestan si el destinatario se tarda más de cinco minutos en responder– resulta difícil imaginar lo que eran las comunicaciones antes de la invención del telégrafo. Las cartas tardaban semanas, o incluso meses, para llegar a su destino; esto con el riesgo de que, más de una vez, simplemente nunca llegaban.

En este capítulo comentaremos sobre el telégrafo, el invento que dio inició a las comunicaciones instantáneas, y fue un elemento fundamental en varios momentos de la historia.

PRINCIPIO DE OPERACIÓN

Como lo hemos comentado en otras colaboraciones, si una corriente eléctrica fluye por un conductor genera un campo magnético. Ahora bien, si este conductor lo enrollamos alrededor de un núcleo hecho de un material que permita el paso del flujo magnético, entonces todo este flujo se sumará, por lo que se creará un electroimán, con sus polos norte y sur. Como todo imán, puede atraer algunos metales, por lo tanto se puede utilizar para atraer una tecla de hierro.

Por lo tanto, podemos formar un circuito mediante un alambre tendido entre dos ciudades: en una de ellas se instala el interruptor y en la otra el electroimán. Es posible entonces atraer una tecla metálica instalada en la otra ciudad, mediante el cierre del interruptor que se encuentra en la primera, y enviar de esta forma un mensaje. Obviamente, el circuito puede funcionar en ambos sentidos.

INGLATERRA

William Cooke nació el 4 de mayo de 1806 en Londres, Inglaterra. Estudió en las universidades de Edimburgo y de Durham. Sirvió en el ejército británico en la India (Indian Army) de 1826 a 1831, y posteriormente estudió medicina en Paris, Francia, y Heidelberg, Alemania. Es en esta ciudad donde asiste a la presentación de un telégrafo primitivo, en 1837, por lo que a su regreso a Inglaterra decide abandonar sus estudios de medicina y trabajar en la mejora de ese invento.

Sin embargo, Cooke carecía de conocimientos de electricidad, pero afortunadamente conoce a otro científico británico, Charles Wheatstone –nacido en 1802–, y los dos forman un excelente equipo de trabajo, al utilizar los conocimientos de éste y las habilidades administrativas de Cooke. Obtienen la patente para su invento en 1837, así como el permiso para una instalación experimental de telegrafía, la cual ganó renombre debido al caso policiaco que comentamos líneas arriba.

No se puede afirmar que el telégrafo tuvo un solo inventor, sin embargo, se reconoce a Cooke y a Wheatstone como los principales creadores de este aparato. Aunque fundaron su propia compañía, el sistema de telegrafía fue nacionalizado en 1868. Los dos fueron nombrados caballeros por su contribución al desarrollo científico y tecnológico del Imperio británico. William Cooke falleció el 25 de junio de 1879, mientras que Charles Wheatstone murió el 19 de octubre de 1875.

ESTADOS UNIDOS DE AMÉRICA

Samuel Morse nació el 27 de abril de 1791, en Boston, Massachusetts, Estados Unidos. Se especializó en arte en la Universidad de Yale, y dominaba varias ramas de la ciencia y filosofía, pero su sueño era ser pintor.

Se dedicaba a pintar retratos, trabajo por el que obtenía pocos ingresos, además de que tenía que viajar constantemente y vivir alejado de su esposa e hijos. Es en uno de estos viajes que su esposa fallece y él se entera un día después del funeral. Debido a esto, queda en su mente la obsesión por conseguir una forma de comunicación que sea instantánea.

En 1829 viaja a Europa con el fin de estudiar otras técnicas de pintura, y tres años después regresa a Estados Unidos. Mientras viaja en el barco, escucha a varios pasajeros hablar sobre la nueva ciencia de la electricidad, en particular sobre el desarrollo de los electroimanes y de cómo la corriente eléctrica puede transmitirse de forma instantánea de un punto a otro de un alambre, sin importar la distancia.

A partir de lo anterior, y a pesar de obtener un puesto como profesor de arte en la Universidad de Nueva York, se dedica al desarrollo de un telégrafo –en forma paralela a Cooke y Wheatstone–. En el año de 1837 patenta su invento, y en 1844 convence al Congreso de los Estados Unidos para tender una línea telegráfica entre Baltimore, Maryland, y Washington, D.C. El primer mensaje enviado es "what hath God wrought" (lo que ha hecho Dios).

Además del telégrafo, otra gran aportación de Morse fue la invención del código que lleva su nombre. La "clave Morse" es un código de puntos y rayas que se utiliza para enviar los mensajes, mediante un pulso corto o largo, respectivamente. El mensaje más importante es el de auxilio, "SOS"; aunque su significado original pudo ser "save our souls" (salve nuestras almas) o "save our ship" (salven nuestro barco), en realidad tuvo mucho que ver que es un mensaje cuya combinación de letras puede ser transmitido con una probabilidad muy baja de confusión o de alteración por la estática del ambiente.

El telégrafo tuvo una aceptación y uso inmediato, lo que le permitió a Morse fundar su compañía y vivir –por fin– de una manera acomodada. Su diseño se mantuvo con cambios mínimos durante varias décadas y el código Morse se volvió un estándar en las comunicaciones. Samuel Morse falleció el 2 de abril de 1872.

CONEXIÓN ENTRE DOS MUNDOS

Hacia 1855 ya existían cables telegráficos submarinos en el canal de la Mancha y el mar Mediterráneo, con el fin de comunicar distintos países. Sin embargo, quedaba pendiente el tendido de un cable que uniera a Europa y América. La búsqueda de este objetivo inició en 1857, mediante el tendido de un cable entre Irlanda y Terranova –una distancia de más de 3700 km–. Antes incluso de tender un metro de cable, hubo que inventar aparatos para analizar el fondo del mar y conocer si existían rocas afiladas o abismos.

Para poder transportar la carga de 4500 toneladas de cable se utilizó un buque de dimensiones colosales, el "Great Eastern" –el cual había resultado un fiasco como barco de pasajeros de lujo–. Después de varios años de fracasos –se rompía el cable y se hundía en el fondo del mar, o quedaba inservible por la corrosión–, por fin en 1866 quedó establecida la línea de comunicación entre los dos continentes.

Esta obra marcó el inicio de los grandes logros de ingeniería en la época moderna. Requirió la colaboración de ingenieros navales, electricistas y mecánicos; así como de físicos, oceanógrafos y especialistas de distintas áreas. En su momento causó tanta expectación como el lanzamiento de los primeros cohetes al espacio.

MÉXICO

En lo que respecta a México, el telégrafo fue impulsado en el Gobierno de Porfirio Díaz, como parte medular de su estrategia de orden, paz y progreso. Fue un elemento muy importante para unir a un país que era prácticamente rural. Sin embargo, requirió el uso de su mano dura para poder tender –y sobre todo conservar– las líneas telegráficas.

Como muestra de lo anterior, me permito citar parte de la entrevista concedida por Díaz al periodista norteamericano James Creelman: "Dimos órdenes, para que dondequiera que fuesen cortados los hilos telegráficos, sufriera la pena el jefe del distrito, en caso de no aprehender al criminal, y en caso de que la interrupción acaeciese en una hacienda, al propietario que no podía impedirlo se le colgaba del poste más cercano".

EL LEGADO

En la novela "El amor en los tiempos del cólera", de Gabriel García Márquez, el telégrafo juega un papel importante en los inicios de la historia de amor de Florentino Ariza y Fermina Daza (la cual está basada en la historia verdadera del noviazgo de sus padres).

El viernes 27 de enero de 2006 la compañía Western Union, de los Estados Unidos, envió el último telegrama en ese país. El 13 de julio de 2013, en la India –un país donde todavía se enviaban 5000 telegramas diarios, y en 1985 se mandaron sesenta millones– se envió el último telegrama.

Lo anterior puso fin a más de 150 años de uso, en los cuales el telégrafo sirvió como un instrumento muy importante en la comunicación instantánea de noticias de todo tipo, a distintos niveles.

BIBLIOGRAFÍA

http://ethw.org/Joseph_Henry

http://ethw.org/Samuel_Morse

http://ethw.org/Telegraph

Enrique Krauze, "Siglo de caudillos", Tusquets Editores, México, 1998.

Fig. 10.1- William Cooke.

Fig. 10.2- Samuel Morse

11. LA VOZ DEL AIRE

En la mañana del 18 de abril de 1912 los 700 sobrevivientes del Titánic arribaron a Nueva York, a bordo del buque Carpathia. Entre las miles de personas que acudieron a recibirlos se encontraba Guillermo Marconi. Se ha escrito bastante sobre la tragedia del Titánic y las 1500 personas que fallecieron esa noche, sin embargo, pocas veces se habla sobre el hombre cuyo invento consiguió salvar cientos de vidas en ese hundimiento. De ese inventor y del desarrollo de la telegrafía inalámbrica hablaremos a continuación.

EL CIENTÍFICO JUDÍO

Antes de comentar sobre el desarrollo de las transmisiones inalámbricas, es necesario rendir un pequeño homenaje al hombre que logró trasladar las Ecuaciones de Maxwell a una aplicación. Hay que aclarar que cuando James C. Maxwell promulga sus ecuaciones sobre el electromagnetismo en 1865, no todos los científicos las aceptaron, incluso algunos no pensaban que pudieran comprobarse de forma práctica. Tuvieron que pasar varias décadas para que lograran una total aceptación.

Como ya hemos comentado en otras colaboraciones, si una corriente eléctrica cambiante fluye por un conductor genera un campo magnético variable, el cual puede viajar en forma de ondas electromagnéticas. Ahora bien, si estas ondas son cortadas por un conductor (una antena, por ejemplo), inducirán en él una corriente eléctrica.

Heinrich Hertz nació el 22 de febrero de 1857 en Hamburgo, Alemania, en el seno de una familia próspera y exitosa, cuyos integrantes destacaron en diversos campos como las leyes, la política, la ciencia, y las artes –un sobrino suyo llegó a ganar el Premio Nobel de Física en 1925–. Su padre era judío, pero se convirtió al cristianismo para poder contraer nupcias con la madre de Heinrich.

Hertz demuestra una gran aptitud para la física y las matemáticas, por lo que inicia sus estudios en ingeniería civil en Hamburgo. Sin embargo, uno de sus profesores, el Dr. Philipp Von Jolly –quien sería el asesor doctoral de Max Planck– le aconseja que estudie física. Por lo tanto, viaja a Berlín para estudiar con Gustav Kirchhoff y obtiene su doctorado en 1880, con tan sólo 23 años.

Posteriormente, se interesa en el trabajo desarrollado por Maxwell, y comienza sus experimentos en 1886, con lo que logra enviar y recibir, por primera vez en la historia, una señal mediante ondas electromagnéticas.

Lamentablemente, Hertz tuvo una vida muy corta. Su salud empezó a deteriorarse en 1892, y él supo que su final estaba cerca. Afrontó su muerte con dignidad y valor, además de un gran sentido de responsabilidad y comprometido con su trabajo. Falleció el día de Año Nuevo de 1894, unas semanas antes de cumplir apenas

37 años. Su aportación al desarrollo de las transmisiones inalámbricas fue reconocida por la comunidad científica internacional, por lo que a la unidad de frecuencia se le denominó "Hertz" (reconocimiento que prevalece hasta hoy, a pesar de la oposición del Partido Nazi, que unos años después pidió borrar su nombre, además de que expulsó a su familia de Alemania, debido a su origen judío).

EL ARISTÓCRATA ITALIANO

Guillermo Marconi nació el 25 de abril de 1874, en Bolonia, Italia. Su padre era un rico comerciante y terrateniente italiano, mientras que su madre provenía de una rica familia, propietaria de destilerías de whiskey en Irlanda. Se cuenta que cuando acababa de nacer, un sirviente de la familia exclamó: "¡Qué orejas tan grandes tiene!", a lo que la madre respondió con voz profética: "Esas orejas le servirán para escuchar hasta la tenue voz del aire".

Sus estudios fueron casi en su totalidad con instructores particulares, por lo que asistió muy poco a la escuela. Desde muy joven siente una gran atracción por la ciencia, y recibe todo el apoyo de sus padres, quienes llegaron a montarle un pequeño laboratorio en el segundo piso de su casa. En cierta ocasión le preguntaron el porqué de su amistad con un hombre viejo y ciego, a lo que Marconi respondió: "ese señor es un telegrafista retirado y me está enseñando el código Morse".

En 1894 lee sobre los descubrimientos de Hertz, y deduce que sería posible enviar y recibir mensajes a través del aire. Realiza sus primeros experimentos, y en 1895 logra su primera transmisión inalámbrica. Acude con el Gobierno italiano, con el fin de conseguir apoyo para su invento, sin embargo –aunque parezca increíble–, el Ministerio de Correos y Telégrafos no muestra ningún interés en el tema.

Entonces su madre le recomienda que intente promoverlo en Inglaterra –si a algún Gobierno le podría interesar la transmisión de mensajes a través del aire, era al Imperio británico, seguramente–, por lo que acude en busca de apoyo, el cual obtiene de inmediato (con la ayuda de los contactos importantes que tenía su familia materna).

En 1896 inicia sus transmisiones experimentales en Londres, y poco tiempo después consigue transmitir mensajes más allá del Canal de la Mancha. Para 1899 ya había establecido un servicio comercial de radiotelegrafía entre Inglaterra y Francia, para lo cual estableció su propia compañía.

El 12 de diciembre de 1901 logra enviar un mensaje desde una estación en Poldhu, Inglaterra, hasta una instalada en Newfoundland, Canadá –una distancia de 3684 km–, con lo que logró la primera transmisión transatlántica de mensajes de radio. Esto, a pesar de que varios científicos decían que era imposible transmitir a distancias tan largas, debido a la curvatura de la Tierra –aún no se descubriría la existencia de la ionosfera y su efecto en la reflexión de las ondas electromagnéticas–. Afortunadamente, Marconi ignoró esos comentarios en contra y continuó con sus experimentos.

Marconi desarrolló su actividad científica y empresarial tanto en Europa como en los Estados Unidos, incluso cumplió con actividades políticas en representación del Gobierno italiano. Fue una celebridad no sólo en la comunidad científica, sino entre el mundo político y de la alta sociedad. Sin embargo, nunca dejó de desarrollar sus investigaciones sobre aplicaciones de la radio, las cuales llevaba a cabo en su buque Elettra, que funcionaba como laboratorio móvil.

Marconi se casó en 1905 con Beatrice O'Brien –hija del 14º Barón Inchiquin–, con quien tuvo un hijo y dos hijas. En 1924 este matrimonio fue anulado, por lo que tres años después pudo casarse con María Cristina Bezzi-Scali, con quien tuvo una hija.

EL TITÁNIC

El tristemente célebre transatlántico Titánic zarpó del puerto de Southhampton, Inglaterra, el 10 de abril de 1912. A bordo llevaba un equipo de radiocomunicación con dos operarios. Aunque su finalidad era recibir y transmitir información sobre la ruta y el clima, no había regulaciones al respecto, y en realidad su principal función era transmitir mensajes de los pasajeros ricos a sus amigos y familiares (algo así como la publicación de fotos de viajes en Facebook en estos tiempos).

El buque California les envió mensajes para alertarles de la presencia de icebergs en la zona, pero los ignoraron, incluso le pidieron a su operador que se cambiara de frecuencia porque interfería con sus transmisiones. Por lo tanto, el operador del California apagó los aparatos y se fue a dormir.

En la noche del 14 de abril el Titánic envía sus mensajes de auxilio (SOS, de acuerdo al código Morse), los cuales son recibidos por el buque Carpathia, y logra rescatar a 700 personas. Unos meses después del naufragio, los sobrevivientes se reunieron en Nueva York con el fin de llevar a cabo un homenaje a Marconi, a quien le entregaron una placa de oro como muestra de su agradecimiento.

Hay que dejar en claro que de no ser por el desarrollo de la radiotelegrafía, todas las personas que lograron ponerse a salvo en los botes, habrían fallecido al cabo de unos días. Después de esta tragedia se establecieron normas estrictas sobre seguridad en los barcos. El invento de Marconi ha salvado la vida de miles de personas en los naufragios.

EL NOBEL Y LA CONTROVERSIA

En 1909 Marconi recibió el Premio Nobel de Física –junto con Karl Ferdinand Braun– "por sus contribuciones al desarrollo de la comunicación inalámbrica". En su discurso de aceptación reconoció los trabajos desarrollados por Maxwell y Hertz.

Debemos aclarar que el gran inventor Nikola Tesla ya había llevado a cabo pruebas de transmisión inalámbrica antes de los experimentos de Marconi. Cuando Tesla fue informado de los desarrollos que llevaba a cabo Marconi, mediante la aplicación de ideas suyas, sólo dijo: "Marconi es un buen tipo, déjenlo que continúe, él utiliza diecisiete patentes mías"

Incluso, existió otro científico, Alexander Popov, quien de forma paralela llevó a cabo descubrimientos de transmisión por radio en Rusia. Aunque por declaraciones de él mismo, se puede comprobar que le da el crédito a Tesla y Marconi como inventores de esta tecnología. Sin embargo, en Rusia ha sido considerado como el padre de la radio.

En 1943 la Suprema Corte de los Estados Unidos de América resolvió una controversia al respecto, y dictaminó que Marconi utilizó para sus desarrollos las patentes de Tesla, por lo que es Nikola Tesla quien debe considerarse como el inventor de las transmisiones inalámbricas.

EL LEGADO

Aunque Tesla sentó las bases de la transmisión por radio, es justo reconocer el gran mérito de Marconi, quien llevó la idea de Tesla a su aplicación práctica y comercial, con el correspondiente beneficio para toda la humanidad.

Guillermo Marconi falleció el 20 de julio de 1937, en Roma. Como un reconocimiento a su legado todas las transmisiones inalámbricas en el mundo se suspendieron durante dos minutos (algo que no volverá a ocurrir en la historia de la humanidad, a menos que se presente una catástrofe mundial).

La próxima vez que escuche su canción favorita en la radio, o utilice un teléfono celular, sería bueno que recordara, al menos por un instante, al gran científico que tuvo la visión para desarrollar la transmisión de mensajes a través del aire.

BIBLIOGRAFÍA

Gian Carlo Corazza, "Marconi´s history", Proceedings of the IEEE, Vol. 86, No. 7, julio 1998.

James E. Brittain, "Electrical engineering hall of fame: Guglielmo Marconi", Proceedings of the IEEE, Vol. 92, No. 9, septiembre 2004.

Margaret Cheney, "Tesla", Barnes & Noble, New York, 1981.

http://ethw.org/Heinrich_Hertz

http://ethw.org/Radio

http://ethw.org/Guglielmo_Marconi

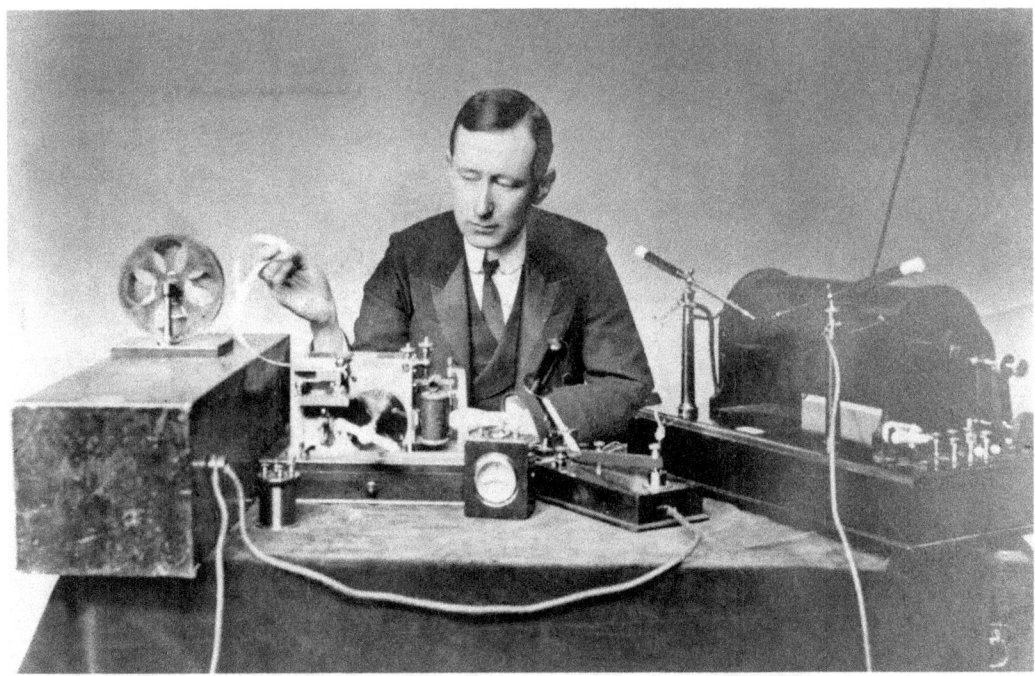

Fig. 11.1- Guillermo Marconi (Cortesía de IEEE).

12. LA VOZ EN EL CABLE

El 14 de febrero de 1876, el inventor Elisha Gray solicitó una patente para un transmisor y receptor eléctrico de voz, en los Estados Unidos. Desafortunadamente para él, sólo unas horas antes, otro inventor reconocido, Alexander Graham Bell ya había solicitado una patente para el mismo invento. Esto demuestra que llegar a tiempo puede cambiar por completo el destino de una persona y de la humanidad.

En este capítulo hablaremos sobre Bell –la historia la escriben los vencedores– y su gran invento: el teléfono. Aunque nos hemos acostumbrado a vivir con este aparato, e incluso cada persona puede tener su propio número telefónico –y parece que cada vez se usa más para transmitir datos y menos para transmitir voz–, hace más de un siglo significó un gran avance en las comunicaciones.

EL PROFESOR DE SORDOS

Alexander Graham Bell nació el 3 de marzo de 1847 en Edimburgo, Escocia. Hijo de un profesor especializado en la corrección de problemas de lenguaje, y en personas sordas, quien era muy reconocido en el Reino Unido. Su madre también era una persona educada, y por lo tanto recibe educación en su casa, además de que asiste a la escuela e incluso toma varios cursos en la Universidad de Edimburgo.

Aunque no destaca en sus estudios, gracias a la influencia de su padre y su abuelo se interesa en la ciencia y la tecnología. Su primer invento lo lleva a cabo en 1859, a la edad de 12 años, mientras pasaba unas vacaciones en la finca de un amigo, cuyo padre tenía molinos de viento.

En cierta ocasión el señor, al verlos jugar, les cuestiona porqué no se ponen a hacer algo útil, a lo que Bell le pide que les diga qué pueden hacer. Entonces, el padre de su amigo les muestra el proceso para quitar la cáscara al trigo y lo tedioso que resulta, por lo que cualquier mejora al proceso sería bien recibida. Bell se pone a trabajar en el diseño de un equipo y logra crear un descortezador de trigo, el cual se utilizó durante décadas.

Posteriormente, Bell obtiene un puesto como profesor de sordos –al igual que su padre y su abuelo– y se dedica a investigar las técnicas para que las personas con esta discapacidad puedan hablar y no sólo se comuniquen mediante señas. Desgraciadamente, ocurre una tragedia en su familia, ya que sus dos hermanos, Edward Charles y Melville James, mueren de tuberculosis en 1867 y 1870, respectivamente.

Bell también enfermó de tuberculosis, por lo que, debido al temor de perder al único hijo que le sobrevive, su padre decide mudar a su familia, del Reino Unido a Canadá, en busca de un mejor clima. Llegan a este país en 1870 y se establecen en la provincia de Ontario, donde pronto consigue empleo, y continúa su labor en favor de las personas sordas en la ciudad de Boston, Massachusetts, en los Estados Unidos.

EL INVENTO

En esa época –segunda mitad del siglo XIX– el principal medio de comunicación era el telégrafo, dominado por la compañía Western Union. Se enviaban millones de mensajes anualmente, por lo que los ingenieros de esta empresa se daban a la tarea de desarrollar una forma de enviar varios telegramas de forma simultánea en la misma línea. Bell se dedica a solucionar este problema, e inventa un telégrafo capaz de funcionar a distintas frecuencias, por lo que podía transmitir varios mensajes al mismo tiempo, el cual es adquirido por Western Union.

Sin embargo –obviamente influenciado por su trabajo en la corrección de problemas del lenguaje, así como en la comunicación de los sordos–, Bell se interesa en el desarrollo de un aparato que pueda transmitir la voz, a través del cable, utilizando la energía eléctrica.

Cuando obtiene sus primeros resultados experimentales, acude con Joseph Henry –el principal científico norteamericano de esa época– y le pregunta si debe mostrar sus ideas al público o continuar con su trabajo para obtener un prototipo que funcione correctamente. Henry le contesta que debe seguir por su cuenta hasta que desarrolle su invento por completo, pero Bell le confiesa que no tiene el conocimiento necesario sobre electricidad y aquel le responde: "Obtenlo".

Bell contrata como ayudante a Thomas Watson, un técnico mecánico, y juntos inician sus experimentos para la transmisión de voz. Por fin, el 10 de marzo de 1876, Alexander Bell transmite la primera frase por teléfono: "Mr. Watson, come here, I want you" (Sr. Watson, venga aquí, lo requiero), a través de una línea instalada en su laboratorio, la cual es recibida por Watson en un cuarto adyacente.

Bell intenta venderle su invento a Western Union en cien mil dólares, sin embargo, la compañía lo rechaza. Aunque ahora parece increíble esta decisión, tenemos que ubicarla de acuerdo a la época: Western Union dominaba por completo el mercado telegráfico, con lo que obtenía ganancias millonarias, por lo tanto, no le interesó el teléfono, el cual era visto solamente como un juguete novedoso y sin posibilidades reales de ser comercializado a gran escala.

LA EXPANSIÓN

Bell funda la "American Telephone and Telegraph Company" (ahora conocida como AT&T), y comienza a dominar por completo el mercado de la telefonía. En noviembre de 1876 logran establecer una conversación telefónica entre las ciudades de

Boston y Salem, Massachusetts, a una distancia de 16 millas. Poco tiempo después comunican Boston con la ciudad de North Conway, a 100 millas de distancia.

En 1877 Western Union decide tardíamente entrar al negocio de la telefonía, por lo que apoya a Elisha Gray –de quien comentamos líneas arriba– para que entable una demanda contra Bell por la invención del teléfono. Cabe mencionar que éste se vio obligado a asistir muchas veces a la Corte para defender su paternidad sobre el teléfono, tanto en ésta como en otras demandas, y en todas salió victorioso.

Pronto quedó claro que era imposible establecer una línea telefónica para unir a cada par de usuarios, por lo que se establecieron estaciones centrales, en donde las operadoras realizaban las conexiones necesarias para enlazar a dos usuarios (y de paso, podían enterarse de todos los chismes de la ciudad).

Posteriormente, se inventaron conmutadores automáticos para conectar a los usuarios. Tanto éste como otros inventos telefónicos posteriores fueron realizados por otras personas, ya que se puede decir que las contribuciones de Bell a la telefonía terminaron en 1877.

Una de las personas importantes para el establecimiento de la telefonía fue Gardiner Green Hubbard, quien apoyó a Bell de forma financiera y legal, además de ser uno de los fundadores de AT&T. Una de sus hijas, Mabel, había quedado sorda a los 4 años, debido a la escarlatina. Obviamente, Bell fue su profesor y, después de varias visitas a su casa, se enamoró de ella, por lo que se casaron en julio de 1877.

En ese mismo año realizaron un viaje por Europa con el fin de promocionar su invento. Bell estaba seguro del impacto que tendría en el desarrollo de la civilización, ya que a diferencia del telégrafo, no necesitaba del dominio de técnicas especializadas, como el código Morse, ya que la gente sólo tendría que hablar. Uno de los promotores de este invento en el Viejo Continente fue el gran científico William Thomson (Lord Kelvin).

En 1915 se establece el servicio telefónico entre las ciudades de Nueva York y San Francisco. Pero en esta ocasión, Bell estaba en Nueva York, mientras que Watson se encontraba al otro extremo del continente. Bell vuelve a pronunciar su famosa frase "Sr. Watson, venga aquí, lo requiero", a lo que Watson responde: "Bien, pero esta vez me tomaría una semana". En ese mismo año se inauguró la primera línea telefónica transcontinental.

PRINCIPIO DE OPERACIÓN

El teléfono funciona mediante la conexión eléctrica a través de un cable entre un transmisor y un receptor. En el transmisor se conecta un micrófono, cuyo diafragma ocasiona variaciones en la corriente eléctrica, acordes con las ondas sonoras. Dichas variaciones de corriente llegan hasta el receptor, el cual contiene una bocina, que las transforma en variaciones de campo magnético que reaccionan con un imán, y producen vibraciones, las cuales producen ondas sonoras.

EL LEGADO

Bell recibió múltiples reconocimientos tanto en Estados Unidos como en Europa; cuando estos premios iban acompañados de un cuantioso estímulo económico, lo utilizaba para apoyar la enseñanza de las personas sordas. Fue presidente de la National Geographic Society, a la que apoyó financieramente. También se dedicó a apoyar los primeros desarrollos de la aviación.

Aunque nadie recuerda a los segundos lugares, es justo mencionar que Elisha Gray –quien perdió la patente del teléfono por llegar unas horas tarde– fue un ingeniero e inventor exitoso, que trabajó para Western Union y realizó importantes contribuciones en el área de la ingeniería eléctrica.

Alexander Graham Bell falleció el 2 de agosto de 1922, en Nueva Escocia, Canadá. Como un homenaje a su persona y su legado, todas las transmisiones telefónicas en Canadá y Estados Unidos se interrumpieron durante un minuto, durante el funeral, dos días después de su muerte.

A diferencia de otros desarrollos –como el telégrafo, la radio o la televisión– el teléfono puede considerarse como el invento de una sola persona. Aunque ahora se utilizan pocos teléfonos alámbricos, ya que prácticamente todas las comunicaciones se realizan de forma inalámbrica, su invención marcó un gran salto en la evolución tecnológica. Sin embargo, como llegó a comentar el gran escritor Mark Twain, significó el inicio de la pérdida de la privacidad.

No es necesario recordar la importancia del teléfono –quizá alguno de los lectores disfruta este libro en alguno de los modernos teléfonos inteligentes–, por lo que queda aquí el reconocimiento para el gran inventor y su obra.

BIBLIOGRAFÍA

James E. Brittain, "Electrical engineering hall of fame: Alexander Graham Bell", Proceedings of the IEEE, Vol. 93, No. 2, febrero 2005.

J. E. Flood, "Alexander Graham Bell and the invention of the telephone", Proceedings of the IEE, Vol. 123, No. 12, diciembre 1976.

F. J. Mann, "Alexander Graham Bell – Scientist", Electrical Engineering, marzo 1947.

Brian Bowers, "Bell and the telephone – the 125th anniversary", Proceedings of the IEEE, Vol. 89, No. 6, junio 2001.

http://ethw.org/Alexander_Graham_Bell

http://ethw.org/Elisha_Gray

Fig. 12.1-- Alexander Graham Bell inaugura el servicio telefónico entre Nueva York y Chicago, en 1892 (Cortesía de IEEE).

13. MÚSICA EN EL AIRE

En los años veinte del siglo pasado el gran inventor Thomas Alva Edison tuvo la oportunidad de entrar al negocio de la radio, sin embargo consideró que este invento no obtendría la popularidad necesaria. Esto, como ya asentamos, debido a que consideraba ilógico que la gente tuviera que escuchar la música que otra persona escogía –a diferencia de su fonógrafo, en el que cada persona podía elegir la música de su agrado–. Edison fue una persona muy brillante, en especial para los inventos y los negocios, pero en esa ocasión se equivocó por completo en su pronóstico.

La radio se volvería uno de los medios de comunicación más importantes en la historia de la civilización. Incluso ahora, con la llegada de la televisión y el internet, todavía existen millones de personas que prefieren a la radio como su medio de comunicación favorito para escuchar música y noticias.

En el desarrollo de este invento y su uso masivo en el mundo intervinieron muchas personas, por lo que no se puede hablar de un solo inventor. En esta ocasión hablaremos de su invención y las personas más importantes que contribuyeron a ésta, en especial en el continente americano.

ANTECEDENTES

Tal como lo hemos comentado en capítulos anteriores, a partir de que James C. Maxwell sentó las bases del electromagnetismo, fue posible el inicio de la aplicación de las ondas electromagnéticas. A fines del siglo XIX Heinrich Hertz logra transmitir una señal de forma inalámbrica, y unos años después, Guillermo Marconi inicia –apoyado en las patentes de Nikola Tesla– las transmisiones de la radiotelegrafía.

Sin embargo, Guillermo Marconi pensó en utilizar la radio únicamente para transmitir mensajes en clave Morse. Obviamente, otras personas vieron en este desarrollo la posibilidad de transmitir voz y música y, además, aprovechar la falta de privacidad de las transmisiones inalámbricas –cualquier persona con un receptor puede escucharlas– para hacer llegar sus mensajes a miles de personas al mismo tiempo.

EL CANADIENSE

Reginald Aubrey Fessenden nació el 6 de octubre de 1866 en la provincia de Québec, Canadá. Hijo de un ministro de la Iglesia episcopal; se graduó en el Trinity College School, y posteriormente se dedicó a impartir clases en distintas escuelas antes de mudarse a Nueva York, con el fin de trabajar en una de las empresas de Edison. Posteriormente, inicia sus investigaciones en el moderno laboratorio del gran inventor, en West Orange, Nueva Jersey, donde permanece por tres años.

A continuación trabajó en varias compañías eléctricas, antes de aceptar una invitación para ser profesor de ingeniería eléctrica en la Universidad Purdue, en 1892. Al año siguiente consigue un puesto como profesor en la facultad de ingeniería de la Universidad de Pittsburgh (recomendado por George Westinghouse, quien ofreció pagar la mitad de su salario). En este centro académico –acompañado por sus alumnos avanzados– inicia el estudio de las transmisiones inalámbricas, así como los correspondientes experimentos con el fin de transmitir voz.

Después de un trabajo de investigación de siete años, Fessenden culmina su labor académica con una presentación ante el American Institute of Electrical Engineers, AIEE (Instituto americano de ingenieros eléctricos), y con la obtención de una patente, en 1899. Además, publicó sus resultados en un artículo en la revista Physical Review al siguiente año.

En 1900 Fessenden es contratado en el Departamento del clima de los Estados Unidos, con el fin de llevar a cabo la comunicación inalámbrica de varias estaciones climáticas. Aunque este proyecto fracasó, le sirvió para conseguir patrocinadores con el fin de continuar sus experimentos.

Después de varios intentos fallidos, por fin, en el día de Nochebuena de 1906, en la estación de Brant Rock, Massachusetts, Fessenden realiza la primera transmisión abierta de una estación de radio, la cual fue recibida en varios buques de la Marina estadounidense –previamente equipados con un radiorreceptor–.

El breve programa de esa noche empezó con un mensaje alusivo a la Navidad, para posteriormente tocar el violín y leer pasajes de la Biblia (tuvo que hacerlo todo él solo, ya que no pudo convencer a ninguno de sus colegas de acompañarlo en la transmisión). El programa finalizó con lo que se volvería algo clásico: una invitación a los radioescuchas para sintonizar la estación la próxima semana, a la misma hora.

Fessenden tuvo que enfrentar varias demandas por sus patentes, algunas por parte de la Radio Corporation of America (RCA); después de varios años de asistir a la Corte, acepta una generosa oferta económica de la empresa para llegar a un arreglo. En los años veinte se retiró a las Islas Bermudas, en donde se dedicó a estudiar sobre la mítica Atlántida, además de vivir en completa calma y sin ninguna preocupación sus últimos años. Falleció el 22 de julio de 1932.

LAS TRANSMISIONES

El principio de operación de la radio consiste en hacer circular en una antena corrientes eléctricas a una frecuencia muy alta. Dicha circulación de corriente –como ya hemos visto en otras colaboraciones– produce campos magnéticos variables, los cuales viajan en forma de ondas electromagnéticas. Cuando estas ondas son cortadas por otra antena, se inducen en ésta corrientes eléctricas, las cuales son similares a aquellas que produjeron las ondas electromagnéticas.

La gran aportación de Fessenden fue conseguir que las ondas sonoras –en un rango de 20 a 20000 Hz– pudieran viajar como señales eléctricas "montadas" en una señal electromagnética de alta frecuencia, en el rango de cientos de miles de Hertz. Para lograr la recepción de estas señales y su conversión a ondas sonoras fue muy importante el desarrollo de uno de sus inventos: el radiorreceptor llamado "superheterodino".

Las primeras transmisiones de radio se realizaron mediante una técnica llamada "Amplitud Modulada" (AM), en la cual la señal de transmisión se modula mediante la variación de la amplitud de la onda. La desventaja de esta técnica es que la amplitud de la señal es afectada fácilmente por las perturbaciones atmosféricas, razón por la cual en la radio de AM se escucha siempre un ruido de fondo, debido a la electricidad estática del ambiente.

En 1928 el inventor Edwin H. Armstrong solucionó este problema al realizar una modulación en frecuencia, en lugar de amplitud, con lo que logró las primeras transmisiones en Frecuencia Modulada (FM). Debido a que las perturbaciones atmosféricas no afectan la frecuencia de las ondas transmisoras, con esta técnica es posible conseguir una mayor fidelidad en el audio.

Armstrong patentó su invento con el apoyo de la RCA, pero debido a que los radios debían operar a una frecuencia mucho mayor –en el rango de decenas o cientos de megahertz– la compañía no quiso invertir en ese momento en las mejoras tecnológicas necesarias. Sin embargo, otras compañías como General Electric y Zenith apostaron por la nueva tecnología, con lo que en 1939 se autorizó la operación de las primeras estaciones transmisoras de FM. Para finales de 1941 se habían vendido cuatrocientos mil radios de FM en los Estados Unidos (lo cual significó un gran regalo para todos los amantes de la música).

LOS EQUIPOS

Hay que mencionar que los primeros radios eran muy diferentes a los que podemos ver en la actualidad. Faltaban décadas para que iniciara la miniaturización de los equipos electrónicos, además de que la estética era muy diferente. Los radios eran auténticos muebles para la sala, hechos de maderas finas y con un diseño elegante. Toda la familia solía reunirse alrededor del radio durante las tardes y noches para poder escuchar sus programas favoritos (así como ahora lo hacemos con la televisión).

Además, los radios fueron los primeros equipos electrónicos portátiles, ya que desde los primeros modelos se pudieron instalar en los automóviles, con lo que los usuarios podían disfrutar de la música durante sus trayectos.

EL LEGADO

El desarrollo de la radio significó un cambio muy importante en la civilización, en especial en lo que respecta a su entretenimiento e información. Por primera vez en la historia no era necesario estar presente en un concierto o evento deportivo para poder disfrutarlo mientras se llevaba a cabo. Además, era posible enterarse de las noticias pocos momentos después de haber sucedido.

Obviamente, también ha sido utilizado por los reyes, presidentes y políticos para transmitir sus mensajes a los pueblos (fueron épicas las transmisiones en Europa durante la Segunda Guerra Mundial).

La radio fue fundamental para unir a países cuyas comunidades eran casi todas rurales, como en el caso de México –con lo que sirvió para afianzar un sentido de identidad nacional–. Además, dio inició al nacimiento y popularización de las primeras grandes estrellas musicales y llevó su canto a todos los rincones del planeta.

Antes de finalizar, comentemos que cuando Edison se dio cuenta de su error y entró al negocio de la radio, ya era muy tarde, y existían muchos competidores.

Todo lo anterior no habría sido posible sin el nacimiento, en 1904, de una de las grandes ramas de la ingeniería eléctrica: la electrónica. Gracias a los desarrollos de John Ambrose Fleming y Lee de Forest, entre otros, fue posible realizar las transmisiones, así como contar con equipos de radio.

BIBLIOGRAFÍA

James E. Brittain, "Electrical engineering hall of fame: Reginald A. Fessenden", Proceedings of the IEEE, Vol. 92, No. 11, noviembre 2004.

James E. Brittain, "Reginald A. Fessenden and the origins of the radio", Proceedings of the IEEE, Vol. 84, No. 12, diciembre 1996.

http://ethw.org/Edwin_H._Armstrong

http://ethw.org/Radio

http://ethw.org/FM_Radio

Fig. 13.1- Reginald Fessenden (derecha) en su laboratorio (Cortesía de IEEE).

Fig. 13.2- Edwin H. Armstrong (Cortesía de IEEE).

Fig. 13.3- Niña escuchando la radio en los inicios del siglo XX (Cortesía de IEEE).

14. LA COMPUTADORA QUE GANÓ LA GUERRA

En la Nochebuena de 2013 la reina Elizabeth II de Inglaterra otorgó el perdón real póstumo al científico Alan Turing. Esto significó el intento de saldar una deuda histórica con la persona que ayudó a descifrar los códigos nazis durante la Segunda Guerra Mundial –con lo que salvó un número incontable de vidas, y ayudó a que los Aliados se alzaran con la victoria en ese conflicto–. A continuación, comentaremos sobre la vida y obra de este genio, a quien se considera como el padre de la computación.

EL MATEMÁTICO

Alan Mathison Turing nació el 23 de junio de 1912 en Londres, Inglaterra. Su padre trabajaba en el Servicio Civil británico en la India, por lo que pasaba largos períodos en ese país –colonia inglesa en esa época–, a veces en compañía de su madre, así que Alan creció, junto con su hermano, sin la presencia de sus padres.

Turing ingresa a Sherborne, un internado muy antiguo de Inglaterra. Obtiene un bajo rendimiento en la mayoría de las materias y deportes. Sin embargo, en ciencias y matemáticas destaca rápidamente. En este lugar Turing desarrolla una amistad muy especial con un compañero, Christopher Morcom, quien, además de inteligente, era popular y destacaba en todas las materias y deportes. Los dos se presentan a los exámenes para ingresar al Trinity College de Cambridge en diciembre de 1929.

Morcom aprueba los exámenes, pero Turing no. Sin embargo, su amigo íntimo jamás ingresa al Trinity College, ya que fallece al año siguiente por complicaciones de tuberculosis. Esto deja completamente solo a Turing –sus padres continuaban ausentes– por lo que decide intentar nuevamente su ingreso a la universidad y conseguir los logros que los dos hubieran hecho juntos (algo que consiguió con creces).

En 1931 Turing ingresa al King´s College de Cambridge. En este centro lo más importante era el estudio de las matemáticas, y no los deportes o la popularidad, por lo que resulta un mejor lugar para sus estudios. Se gradúa con honores y recibe un apoyo para continuar su trabajo de investigación como posgraduado en el mismo centro. En 1936 publica su mayor logro matemático, el artículo "Sobre números computables, con una aplicación al entscheidungsproblem".

Su trabajo era tan original que la Sociedad Matemática de Londres decidió que sólo había una persona en el mundo capaz de evaluarlo: el profesor norteamericano Alonzo Church, de la Universidad de Princeton, quien era especialista en lógica. El profesor Church queda tan impresionado con su trabajo, que lo invita a estudiar el doctorado en su universidad, bajo su tutela. Turing acepta, con la anuencia de su mentor en Cambridge, Max Newman, y obtiene su doctorado en 1938.

La manera en que abordó su investigación fue en términos de una máquina, ahora conocida como la "máquina de Turing", la cual se considera la primera computadora –contaba con varios elementos de las computadoras actuales, como una secuencia de instrucciones y una memoria–.

BLETCHLEY PARK

La Escuela de codificación y desciframiento gubernamental (Government code and cypher school, GCCS), ubicada en la pequeña ciudad de Bletchley Park, Inglaterra, fue creada con el fin de descifrar los códigos secretos de los países enemigos. Turing se presentó a trabajar en este centro en cuanto estalló la guerra, en 1939, con el fin de ayudar al desciframiento de los códigos nazis.

Bletchley Park contaba con una fuerza laboral de 10,000 personas, entre las que había ingenieros, matemáticos, lingüistas, y expertos en otros campos. Hay que mencionar que dos terceras partes de su personal eran mujeres. Este centro era ideal para que Turing desarrollara todas sus ideas, sin problemas de presupuesto o de equipo de trabajo, además de contar con la presión de la guerra como un fuerte aliciente.

En cierta ocasión enviaron una carta al primer ministro de Inglaterra, Winston Churchill, para quejarse de la falta de recursos, por lo que éste ordenó tajantemente: "asegúrense, como alta prioridad, de que cuenten con todo lo necesario, e infórmenme directamente de todo lo que se realice".

En Bletchley Park tuvo Turing su única relación con una mujer, Joan Clarke, quien era una matemática brillante de Cambridge. Tras varios meses de salir juntos, Turing le propone matrimonio en 1941. Sin embargo, después recapacita al darse cuenta de que la quería como una hermana, y no de la forma en que se debe amar a una novia. Turing le confiesa sus tendencias homosexuales y poco después rompe el compromiso, además de asegurarse de que no vuelvan a laborar en el mismo turno.

EL CÓDIGO ENIGMA

Los nazis coordinaban los movimientos de sus tropas y otros recursos mediante mensajes inalámbricos. Debido a que estos mensajes podían ser escuchados por sus enemigos, recurrieron a brillantes códigos de encriptado. De éstos, el más utilizado era el código Enigma, basado en el uso de una pequeña máquina electromecánica que los encriptaba antes de enviarlos en clave Morse.

La máquina de desciframiento estaba basada en la BOMBA, una máquina creada en Polonia por varios científicos de ese país, quienes la compartieron con el equipo de Turing unas semanas antes de la invasión alemana. Sin embargo, los alemanes mejoraron sus códigos, por lo que en Bletchley Park crearon una versión mejorada de la misma, llamada la BOMBE.

Aunque Turing diseñó el algoritmo de esta máquina es necesario dejar en claro que fue una labor de equipo, llevada a cabo por varios especialistas brillantes. A partir de este desarrollo fue posible decodificar una gran cantidad de mensajes de los alemanes y japoneses, con lo que sabían con antelación muchos de sus movimientos. Incluso, se ha dicho que se enteraron del ataque a Pearl Harbor antes de que sucediera, pero no avisaron con el fin de que los Estados Unidos de América entraran a la guerra (algo que el Gobierno británico niega, por supuesto).

Conforme avanzó la guerra los alemanes desarrollaron un código de encriptado superior, el Lorenz, el cual no podía ser descifrado por ninguna máquina electromecánica, como la BOMBE. En este momento entra en escena un joven ingeniero, llamado Thomas H. Flowers, quien propone el uso de válvulas de vacío (inventadas por Fleming y de Forest) para desarrollar una descifradora electrónica.

Las válvulas de vacío eran consideradas como poco confiables, ya que fallaban demasiado en los radios. Sin embargo, Flowers comprueba que su fallo se debía a que los radios son encendidos y apagados varias veces al día, pero si se dejan en funcionamiento continuo su confiabilidad aumenta considerablemente.

Gracias a la propuesta de Flowers se desarrolla Colossus, la primera computadora electrónica –meses antes de que en los Estados Unidos se fabricara la ENIAC– que fue de gran ayuda para descifrar los mensajes nazis y, sobre todo, en la invasión aliada a Normandía, el 6 de junio de 1944.

LA TRAGEDIA

Al finalizar la guerra, Turing acepta un puesto en la Universidad de Manchester. En este lugar sufre un robo en su casa, llevado a cabo por un amigo de su compañero homosexual, en 1952. Este ladrón pensó que, debido a su condición, Turing no lo denunciaría, pero se equivocó, por lo que fue apresado.

Sin embargo, a Turing le fue peor, ya que al descubrirse que era homosexual fue arrestado por el crimen de "gran indecencia" (la homosexualidad era un delito en Inglaterra en esa época), por lo que fue condenado a someterse a un proceso de castración química mediante la inyección de estrógenos –poco importó que hubiera ayudado a ganar la guerra–. Alan Mathison Turing se suicidó el 7 de junio de 1954.

EL LEGADO

Turing fue condecorado con la Orden del Imperio Británico por su trabajo en la guerra –premio al que nunca dio demasiada importancia–. Su contribución al desarrollo de las computadoras fue fundamental, por lo que se considera como el padre de la computación.

El legado de Alan Turing puede ser apreciado en tres vertientes, la visión que tuvo acerca del funcionamiento y operación de la computadora moderna, sus aportaciones al campo de la inteligencia artificial con publicaciones que son referente hasta hoy en día y el Premio Turing, un equivalente al Premio Nobel en el campo de la computación.

Sólo podemos imaginar los desarrollos que hubieran sido posibles si Turing no fallece poco antes de cumplir 42 años. Aunque también podemos pensar, con cierto temor, qué hubiera pasado si el suicidio ocurre antes de la Segunda Guerra Mundial. Queda aquí este pequeño homenaje a quien concibió la primera computadora, y que además salvó miles de vidas durante la guerra.

BIBLIOGRAFÍA

Charles Severance, "Alan Turing and Bletchley Park", Computer, junio 2012.

B. Jack Copeland, "Colossus: its origins and originators", IEEE Annals of the history of computing, octubre-diciembre 2004.

George Strawn, "Alan Turing", ITPro, enero-febrero 2014.

http://www.bletchleypark.org.uk/content/hist/worldwartwo/captridley.rhtm

Stephen Hawking, "Dios creó los números", Crítica, Barcelona, 2005.

Fig. 14.1- Alan Turing.

15. PEQUEÑO GIGANTE: EL TRANSISTOR

ANTECEDENTES

El transistor, una de las palabras más conocidas desde hace varias décadas, es el nombre del principal responsable del desarrollo tecnológico actual. Sin él no existirían los aparatos electrónicos, como las computadoras, los equipos industriales, los robots, los teléfonos celulares, los aviones, los coches modernos, los satélites, y un largo etcétera. De hecho, si el lector usa algún equipo electrónico portátil en este momento, tiene en sus manos varios millones de transistores. O si lee este artículo en forma impresa, le aseguro que hubo millones de transistores en el camino para que El Diario llegara a sus manos.

Como preámbulo comentemos un poco acerca de las válvulas de vacío, también conocidas como "bulbos" (de las cuales hablaremos en otra ocasión), cuya aparición marca el inicio de la electrónica, en las primeras décadas del siglo pasado. Los lectores mayores los recuerdan seguramente y los más jóvenes quizás los vieron alguna vez en casa de sus abuelos, como parte medular de un radio o alguna televisión. Su apariencia era similar a la de un foco incandescente, con una cubierta de vidrio, por lo que eran muy frágiles, además de que ocupaban mucho espacio, consumían demasiada potencia, y requerían tiempo para calentar su filamento.

Debido a este tiempo de calentamiento necesario, las televisiones y los radios tardaban varios minutos en su encendido. Sé que esto les suena raro a los jóvenes, pero así era, y seguramente las futuras generaciones sentirán algo similar cuando se enteren cuánto tardaban en su proceso de encendido las computadoras de nuestra época.

Por lo tanto, cuando llegó a su fin la Segunda Guerra Mundial había un gran interés en el desarrollo de un sustituto de las válvulas de vacío, que realizara la misma función, pero sin sus desventajas. Se requirió un equipo formado por tres doctores estadounidenses para el logro de esta invención. Sobre este desarrollo y sus creadores, trataremos a continuación.

EL LÍDER

William Bradford Shockley nació el 13 de febrero de 1910 en Londres, Inglaterra. Hijo de un ingeniero egresado del Massachusetts Institute of Technology (MIT) y de una de las primeras mujeres graduadas en la Universidad de Stanford. Su padre descendía en línea directa de los inmigrantes llegados a América en el Mayflower; tanto él como su madre eran personas reservadas, que desconfiaban de la gente y, algo paranoicas, que no podían permanecer en la misma ciudad por más de un año. Obviamente, William tuvo una niñez miserable; de hecho, no asistió a la escuela hasta que tenía ocho años. Sólo hasta que su padre murió, la familia alcanzó cierta estabilidad, instalándose en California.

Estudia su carrera en el Instituto Tecnológico de California (Caltech), y posteriormente obtiene su doctorado en el MIT. Ingresa a trabajar a los Laboratorios Bell y gana fama como un científico brillante, capaz de resolver los problemas como nadie. Con el ingreso de los Estados Unidos a la Segunda Guerra Mundial, realiza importantes investigaciones para la Marina Norteamericana, para el aumento de su eficacia en el ataque a los submarinos alemanes.

Formando equipo con Walter Brattain y John Bardeen, inventan el transistor (lo cual trataremos unos párrafos más adelante). Posteriormente, funda su propia compañía en lo que ahora es el Silicon Valley, en California. Sin embargo, su carácter arrogante lo hacía una persona muy difícil en su trato, y obviamente era casi imposible que alguien hiciera equipo con él, por lo que sus compañeros lo abandonan y fundan sus propias compañías (Intel, por ejemplo).

Posteriormente empieza a interesarse en estudios sobre la Eugenesia, al decir que la raza negra poseía un menor coeficiente intelectual, situación que se agravaba, según él, al reproducirse a una mayor tasa que los blancos. Llegó incluso a proponer que las personas con un coeficiente intelectual menor a 100, deberían ser esterilizadas. Debido a lo anterior, fue atacado, humillado, y pasó sus últimos años olvidado y en desgracia. Murió de cáncer en 1989, y fue su segunda esposa la única persona que permaneció a su lado; de hecho, sus hijos se enteraron de su muerte por los periódicos.

EL PRÁCTICO

Walter Houser Brattain nació el 10 de febrero de 1902 en Amoy, China, y pasó su niñez en un rancho, en Tonasket, Washington, EUA. Solía decir que su gran habilidad para el trabajo manual la debía a que creció en el campo (si el lector conoce a alguien que pasó su niñez en un rancho sabrá que es cierto, son personas muy prácticas que desarrollan ciertas habilidades especiales). Obtuvo su licenciatura en física y matemáticas en el Whitman College y su doctorado en la Universidad de Minnesota.

Posteriormente se integró a los Laboratorios Bell e interrumpió su labor durante la Segunda Guerra Mundial, debido a proyectos con la Marina. Cuando termina la guerra es asignado a un equipo de trabajo, liderado por Shockley, para el estudio de los dispositivos de estado sólido. John Bardeen –un amigo de su hermano– es contratado para completar el grupo; surge entre ellos una amistad que duraría toda la vida. Además de que forman un equipo perfecto para la investigación, ya que Brattain era un físico experimental, capaz de hacer funcionar cualquier circuito, mientras que Bardeen era un físico teórico y formulaba la teoría que explicaba su funcionamiento.

Después de la invención del transistor se presentan serias diferencias con Shockley, por lo que solicita ser transferido a otro grupo de investigación y continúa su labor en los laboratorios Bell hasta 1967. Después de retirarse, regresa a su alma máter, el Whitman College, para dedicarse a la vida académica. Solía decir, en broma, que lo único que lamentaba de haber inventado el transistor, era que se utilizara para tocar rock and roll. Murió víctima de Alzheimer, en 1987.

El TEÓRICO

John Bardeen nació el 23 de mayo de 1908 en Madison, Wisconsin, EUA. Fue un niño muy brillante, por lo que sus padres decidieron moverlo de tercer grado de primaria, a la secundaria. A pesar de que sufrió la pérdida de su madre a temprana edad, continuó con su brillante carrera académica e ingresó a la Universidad de Wisconsin a los quince años.

Posteriormente, obtiene su doctorado en físico-matemáticas en la Universidad de Princeton, e inicia su carrera como profesor en Harvard. Esto se ve truncado por el inicio de la Segunda Guerra Mundial, ya que es transferido a los laboratorios de la Marina, donde trabajó en sistemas de protección contra las minas y los torpedos.

Al término de la guerra, Shockley lo invita a unirse a su grupo de investigación en los Laboratorios Bell y le ofrece el doble del sueldo que ganaba, por lo que no lo piensa mucho y se integra al equipo. Ahí conoce a Walter Brattain, con quien forja una gran amistad. Contaba que el día que inventó el transistor, cuando llegó a su casa por la noche, le comentó a su esposa: "creo que hoy inventamos algo importante", pero ella no le hizo caso y siguió con la preparación de la cena.

Otra anécdota es que cuando recibió su primer Premio Nobel, durante la cena de gala el rey de Suecia lo reprendió porque no llevó a toda su familia (sus hijos mayores se quedaron en Estados Unidos, ya que estudiaban en la Universidad de Harvard), y él le contestó: "le prometo que la próxima vez que gane el premio los traeré a todos".

En efecto, años después se le otorga un segundo Premio Nobel, en esta ocasión por su contribución al desarrollo de los superconductores (sólo han habido cuatro personas en la historia que han alcanzado esta doble distinción) y, en esta ocasión, sí se llevó a toda la familia.

Después de la invención del transistor comienzan también las diferencias con Shockley, por lo que decide aceptar una oferta de la Universidad de Illinois. Pasó sus últimos años dedicado a la enseñanza, la investigación y la práctica del golf con su gran amigo, Walter. A pesar de todos sus logros era una persona muy sencilla (con esa humildad que tienen las personas verdaderamente grandes), conocido por su afición a la preparación de carnes asadas, con la correspondiente invitación para que sus vecinos asistieran a su casa y compartieran la comida. Murió en 1991.

EL INVENTO

Como ya lo comentamos, después de la Segunda Guerra Mundial los Laboratorios Bell se dan a la tarea de encontrar un sustituto de la válvula de vacío, que tuviera mejores características. Para esto deciden la formación de un grupo de investigación liderado por William Shockley, quien a su vez contrata a Walter Brattain, para integrarlo al equipo, junto con John Bardeen.

Sin embargo, Shockley se desentiende un poco de la investigación y deja trabajar solos a Bardeen y a Brattain. Estos dos forman un excelente equipo de investigación, el primero aplica sus conocimientos de física cuántica para el análisis del comportamiento de los semiconductores, y el segundo lleva a cabo los experimentos con una capacidad extraordinaria (incluso, se dice que a veces primero realizaban los experimentos y después formulaban la teoría que los sustentara).

En conjunto desarrollan el primer transistor de punto de contacto, en 1947. Sin embargo, al darse cuenta Shockley de su invento, y de que lo habían desarrollado sin él, y por lo tanto, se quedaba fuera de la historia (y del Nobel y la fama), toma su desarrollo y lo mejora, con lo que inventa el transistor de unión, el cual se utiliza hasta nuestros días.

Los Laboratorios Bell deciden que los tres deben de llevarse el crédito e, incluso, ordena que en todas las entrevistas y fotografías se deje en claro que William Shockley era el líder del proyecto (si observan alguna fotografía de los tres, verán que Shockley aparece como el jefe). Al final, los tres son galardonados con el Premio Nobel de Física, en 1956.

Antes de la invención del transistor el ambiente del grupo era bueno (o al menos, tolerable), sin embargo, después de esto, se vuelve muy difícil el trabajo en conjunto con Shockley, por lo que toman caminos diferentes. Sólo se reunen nuevamente en la cena del Premio Nobel, momento en el cual recuerdan los tiempos en que eran un equipo de investigación inigualable.

EL CIRCUITO INTEGRADO

Jack St. Clair Kilby nació el 8 de noviembre de 1923 en Great Bend, Kansas, EUA. Estudió en la Universidad de Illinois y obtuvo su maestría en la Universidad de Wisconsin. En 1958 consigue un empleo en Texas Instruments, y cuando llega el periodo vacacional de verano aún no tenía derecho a tomarlo, por lo que se queda solo, trabajando en el laboratorio.

En ese tiempo ya se utilizaban los transistores, con las ventajas que esto traía, como un menor espacio ocupado por los equipos electrónicos. Sin embargo, cada uno de los transistores tenía que ser soldado y cableado a los distintos puntos del circuito, lo que consumía demasiado tiempo y recursos para la fabricación de las tarjetas, además de que cada punto de soldadura representaba una posible falla. Es en ese momento que Jack Kilby tiene la genial idea de que la construcción de todo el circuito se realice en un mismo empaque y hecho del mismo material, con lo cual el espacio se reduce aún más, y disminuye la probabilidad de fallo de los circuitos.

Este invento constituyó el inicio de la miniaturización de la electrónica, ya que volvió posible la fabricación de circuitos con un mayor número de transistores, detonando el desarrollo de la electrónica, tal como la conocemos hoy en día. El primer circuito integrado de Kilby tenía cinco transistores, mientras que los microprocesadores más recientes contienen decenas de millones. Jack Kilby fue galardonado con el Premio Nobel de física en el año 2000. Murió de cáncer en el 2005.

EL LEGADO

Antes de la conclusión de este texto comentemos un poco sobre el funcionamiento del transistor y el porqué de su aplicación masiva en circuitos electrónicos. Es un dispositivo muy pequeño que puede funcionar como amplificador (en el caso de aplicaciones de audio, por ejemplo), pero su principal uso es como interruptor, que opera en dos modos: encendido o apagado. Esta característica lo hizo muy adecuado para su utilización en los circuitos digitales, los cuales manejan un código de dos valores únicamente (el sistema binario, de "unos" y "ceros").

Debido a lo anterior se extendió su uso masivo en todos los sistemas digitales. En el año 2004 el sector de los semiconductores produjo más transistores y a un menor costo, que granos de arroz en todo el mundo, según la Asociación del Sector de Semiconductores de los Estados Unidos (U.S. Semiconductor Industry Association).

El gran científico estadounidense Gordon E. Moore (cofundador de Intel) estimaba que el número de transistores producidos en un año igualaría al número de hormigas en el mundo, pero en el 2003 el sector estaba produciendo diez trillones de transistores anualmente, por lo que cada hormiga tendría que transportar 100 transistores a sus espaldas para que se cumpliese esta predicción (la verdad, ignoro cómo calculan la cantidad de hormigas en el mundo, pero así ha sido estimada por algunos entomólogos).

Para finalizar, queda nuevamente el comentario sobre el gran impacto que ha tenido en el desarrollo de la civilización el invento de un dispositivo tan pequeño. Sin el transistor no podríamos hablar de las computadoras, el internet, los viajes espaciales, los teléfonos celulares y el avance tecnológico que se da cada vez a una mayor velocidad.

John Bardeen dijo alguna vez: "Yo sabía que el transistor era importante, pero nunca preví la revolución en electrónica que traería consigo", y quién lo podría haber sabido. De hecho, no podemos pronosticar hasta dónde llegarán todos estos desarrollos, pero queda el reconocimiento para los inventores, quienes forjaron la tecnología, tal como la conocemos hoy en día.

BIBLIOGRAFÍA

Bardeen, J.; "Comments on Implications of Transistor Research", Proceedings of the IRE, Vol. 46, 952, (1958).

Bardeen, J; Brattain, W; The transistor, A Semiconductor Triode, Proceedings of the IEEE, Vol. 86, No. 1, 29-30 (1998).

Brinkman, W.; Haggan, D.; Troutman, W.; "A History of the Invention of the Transistor and Where It Will Lead Us", IEEE Journal of Solid State Circuits, Vol. 32, No. 12, 1858-1865, (1997).

Pearson, G.; Brattain, W.; "History of Semiconductor Research", Proceedings of the IRE, Vol. 43, 1794-1806, (1955).

Riordan, M; Hoddeson, L; The Origins of the PN Junction, Spectrum, 46-51, Junio (1997).

Riordan, M; The Lost History of the Transistor, Spectrum, 44-49, Mayo (2004).

Shockley, W.; The Path to the Conception of the Junction Transistor, IEEE Transactions on Electronic Devices, Vol. 23, No. 7, 597-620 (1976).

Fig. 15.1- William Shockley (Cortesía de IEEE).

Fig. 15.2- Walter Brattain (Cortesía de IEEE).

Fig. 15.3- John Bardeen (Cortesía de IEEE).

Fig. 15.4- Shockely, Bardeen y Brattain en el laboratorio (Cortesía de IEEE).

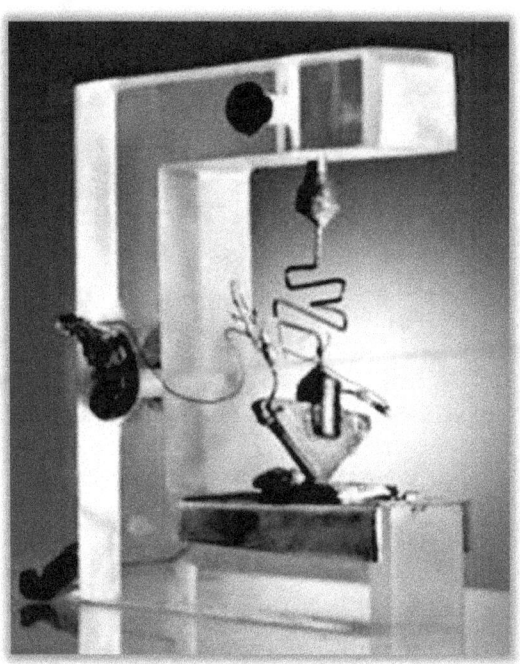

Fig. 15.5- Réplica del primer transistor de punto de contacto (Cortesía de IEEE).

Fig. 15.6- Jack Kilby (Cortesía de IEEE).

Fig. 15.6- Primer circuito integrado (Cortesía de IEEE).

16. EL VIAJE DE LOS ELECTRONES

En el año de 1906 el ingeniero estadounidense Lee de Forest había acumulado fracaso tras fracaso en sus negocios. Además, su socio lo había defraudado y su esposa lo abandonó; se encontraba solo, sin trabajo y sin dinero. Definitivamente, ese año no pintaba bien para él, sin embargo, en aquel lejano 1906 saldría a la luz su gran invento, con lo que daría inicio a la electrónica y su nombre quedaría inmortalizado.

La Real Academia Española define a la electrónica como "Estudio y aplicación del comportamiento de los electrones en diversos medios, como el vacío, los gases y los semiconductores, sometidos a la acción de campos eléctricos y magnéticos". En efecto, la electrónica permite el funcionamiento de prácticamente toda la tecnología que utilizamos actualmente –aunque sea el caso de algún proceso mecánico, está controlado generalmente por un circuito electrónico– y todo esto se realiza mediante un proceso, al parecer simple: el movimiento de los electrones.

El electrón, esa partícula subatómica descubierta por el científico Joseph John Thomson, hace funcionar toda la tecnología moderna. A partir de que su movimiento se origina en las centrales generadoras de energía eléctrica –mediante los principios del electromagnetismo– viaja por los alambres y a su llegada a los equipos conectados a la red produce varios efectos: su paso por un foco incandescente lo calienta al rojo vivo, por lo que emite luz y calor o, si pasa a través del gas de una lámpara fluorescente, producirá luz y, al pasar por los devanados de un motor eléctrico, producirá su movimiento.

Los ejemplos anteriores pueden considerarse del tipo eléctrico, pero en el caso de los equipos electrónicos, los electrones pasarán de un circuito a otro para enviar los datos correspondientes; al pasar por un transistor producirán un aumento en el nivel de una señal, si pasan por una bocina generarán ondas sonoras, si circulan por una antena del teléfono celular enviarán ondas electromagnéticas para ser recibidas por otro teléfono. Su paso por un led (diodo emisor de luz) genera una luz de muy buena calidad y, al pasar por las modernas pantallas, produce imágenes espectaculares.

El movimiento de los electrones también puede originarse en una batería, con lo que permite el funcionamiento de todos los modernos aparatos electrónicos portátiles, tales como los teléfonos inteligentes, laptops, tabletas, y consolas de videojuegos. Al fluir dentro de los millones de transistores de un circuito integrado permite la operación de cientos de millones de operaciones matemáticas e instrucciones por segundo.

En esta ocasión comentaremos sobre los inicios de la ciencia que nos da el nivel de comodidad con el que vivimos actualmente: la electrónica. Asimismo, repasaremos las vidas de sus dos grandes fundadores, los inventores John Ambrose Fleming y Lee de Forest.

EL INGLÉS

John Ambrose Fleming nació el 29 de noviembre de 1849 en Lancaster, Inglaterra. Hijo de un ministro de la Iglesia congregacionista. Su padre –al igual que otros casos de científicos– quería que su hijo siguiera sus pasos en la Iglesia, pero Fleming sabía desde niño que quería ser ingeniero (aunque siempre fue un cristiano devoto). En el bachillerato destaca en matemáticas, y en 1866 ingresa al University College de Londres (UCL), donde obtiene la Licenciatura en Ciencias en 1870. En aquella época para lograr ser ingeniero había que pasar un tiempo como aprendiz con uno de ellos, y se le tenía que pagar por su tutoría, algo que no podía permitirse la familia Fleming, por lo que John comienza a trabajar en varias empresas y como profesor.

En 1874 presenta su primer artículo y en 1877 es aceptado en la Universidad de Cambridge, donde obtiene su doctorado en ciencias en 1879. Es en esta universidad donde tiene la oportunidad de asistir a los últimos cursos que impartió James C. Maxwell, en el año académico 1878-1879. Desafortunadamente, tal como Fleming recuerda en sus memorias, asistían muy pocos alumnos a las clases de Maxwell, incluso a veces él era el único estudiante en el salón.

Seguramente, todos aquellos alumnos que pensaban que tenían mejores cosas que hacer en lugar de asistir a las clases de Maxwell, no sabían que estaban ante la oportunidad histórica de escuchar las últimas cátedras de uno de los tres más grandes genios de la Física –sólo comparado con Newton y Einstein– en la historia de la humanidad.

Fleming recordaba que Maxwell era un profesor muy difícil de entender, pero solía comentar lo siguiente: "para aquellos que podían seguir su original y a menudo paradójico modo de presentar las verdades, su enseñanza era un raro privilegio intelectual, una inspiración para toda la vida y un recuerdo inolvidable". Además de asistir a las clases, Fleming trabajó en el célebre Laboratorio Cavendish, dirigido por el gran físico.

Dentro de sus investigaciones, a finales del siglo XIX, analiza la aplicación de un efecto en las lámparas incandescentes descubierto por Thomas A. Edison. Dicho fenómeno consiste en lo siguiente: al calentar un filamento al rojo vivo dentro de una válvula de vacío, existe un desprendimiento del material en el filamento. Lo que sucede es que al calentarse el material, desprende electrones.

La gran aportación de Fleming, con la cual se considera que inició la ciencia de la electrónica, en 1904, consistió en conectar una terminal positiva (ánodo) para que atrajera los electrones que se desprendían de la terminal negativa (cátodo). El detalle consiste en que si se invierte la polaridad de las terminales, ya no hay flujo de electrones; por lo tanto, es posible controlar la corriente para que fluya en un solo sentido.

Fleming llamó a su dispositivo de las siguientes formas: "válvula oscilatoria", "válvula termoiónica", "válvula de Fleming", o "kenotrón", pero el nombre que perdura hasta nuestros días es "diodo". Su aplicación principal consiste en convertir una señal de corriente alterna (la cual circula en dos sentidos), en una señal de corriente continua (que sólo fluye en un sentido), lo cual en el argot electrónico se le conoce como "rectificación". Gracias a lo anterior, fue posible rectificar las débiles señales inalámbricas, para que la voz transmitida pudiera escucharse en unos audífonos.

Fleming trabajó en distintos desarrollos eléctricos y electrónicos, y colaboró con los grandes científicos e ingenieros de la época, como Edison, Marconi y Lord Kelvin, por mencionar algunos. En 1885 fue invitado a ocupar la nueva cátedra de ingeniería eléctrica en el UCL, la cual ejerció durante los siguientes cuarenta y un años. Recibió múltiples reconocimientos, entre los que destacan los de la Royal Society, el Institute of Electrical Engineers (IEE) y el Institute of Radio Engineers (IRE).

En 1929 Fleming fue nombrado caballero (sir) por la Reina de Inglaterra, además de que fue presidente de la naciente Sociedad de Televisión de Londres. Se casó dos veces. Su primera esposa, Clara Ripley, con quien contrajo matrimonio en 1877, murió en 1917. Contrajo nupcias nuevamente en 1933, a la edad de 84 años, con la cantante Olive May Franks (quien era cincuenta años más joven), con quien vivió feliz el resto de sus días –aunque no tuvo hijos–.

Sir John A. Fleming falleció el 18 de abril de 1945, en Sidmouth, Inglaterra, a los 95 años (ya que no tuvo descendencia, legó la mayor parte de su fortuna a obras de caridad).

EL AMERICANO

Lee de Forest nació el 26 de agosto de 1873 en Iowa, Estados Unidos, pero creció en Alabama, lugar donde su padre, Ministro de la Iglesia congregacionista fue el encargado de una escuela para negros. El joven Lee quería ser ingeniero, pero –sí, adivinaron– su padre quería que siguiera sus pasos como Pastor. Lee llega incluso a falsificar la firma de su padre en una carta que envía a Edison, en la cual le pregunta qué se debe hacer con un hijo que quiere ser ingeniero.

Aunque Edison nunca contestó, el señor de Forest autorizó a su hijo a estudiar ingeniería, por lo que ingresa a la Universidad de Yale, en la que obtiene su doctorado en 1899. En cierta ocasión le escribió a su padre que quería dejar sus huellas en las arenas del tiempo y la mejor forma en que podría hacerlo era por el camino científico.

Antes de ingresar a la universidad, de Forest viaja a la Feria Mundial de Chicago, en 1893 –la misma en la que Tesla y Westinghouse mostraron sus inventos–, y aunque pronto se queda sin dinero y tiene que trabajar en la misma feria, para él constituye un evento memorable que reafirma su idea de ser ingeniero.

Una vez que se graduó en la universidad empieza a trabajar en la empresa Western Electric y comienza a desarrollar sus primeros inventos. Además funda varias compañías, pero desafortunadamente, parece ser que estaba completamente negado para los negocios, porque casi todas sus empresas quebraban o terminaban involucradas en demandas legales.

Sin embargo, en 1906 desarrolla su gran invento, con lo que marcaría el inicio de la electrónica y sería considerado como el "padre de la radio". Su aportación consistió en tomar el diodo de Fleming, el cual puede conducir en un solo sentido, y agregarle una tercera terminal, la "rejilla", entre el ánodo y el cátodo. Con esta rejilla es posible regular el flujo de corriente en el dispositivo, de manera similar a una válvula o llave. Por lo tanto, es posible utilizar las pequeñas corrientes inducidas por las ondas electromagnéticas y amplificarlas para hacerlas pasar por un altavoz.

De Forest bautizó a su invento como "audion", aunque el nombre que perdura es el de "triodo", el cual dio origen a los equipos de radio, con los cuales se puede escuchar la voz y música transmitida por las estaciones. De Forest le vendió su invento a la compañía telefónica AT&T, que lo utilizó principalmente para amplificar las señales de teléfono, las cuales disminuyen su intensidad conforme viajan a mayores distancias.

Tal como lo comentamos, de Forest no era un buen administrador –en momentos de su vida llegó a ser millonario y en otros no tenía un solo centavo–. Además, pasó muchos años en batallas legales, entre las cuales destaca la que sostuvo con Edwin H. Armstrong, por la paternidad del triodo. Aunque la Corte varias veces emitió su fallo a favor de Lee de Forest, hay que reconocer que fue Armstrong quien le dio al dispositivo su aplicación como amplificador. En cierta ocasión, sus amigos trataron de consolar a este último al salir de la Corte, al decirle que podía inventar otras cosas, pero Armstrong exclamó "nunca habrá otro invento como el audion".

Aunque de Forest recibió la medalla de honor del IRE en 1929 y varios premios más, su reconocimiento como padre la radio se le dio varias décadas después. Incluso, se le otorgó un Oscar honorífico en 1960 por sus desarrollos que introdujeron el sonido en el cine.

De Forest tuvo tres matrimonios fallidos, y al parecer encontró la felicidad en su cuarto matrimonio, con la actriz de Hollywood, Marie Mosquini –veintiséis años menor que él–, con quien se casó en 1930. Lee de Forest falleció el 30 de junio de 1961 (su último matrimonio duró más de tres décadas).

EL LEGADO

El triodo fue sustituido varias décadas después por el transistor. Sin embargo, en ciertas aplicaciones, como las estaciones de transmisión de radio se utiliza todavía. Además, los amantes del audio prefieren los amplificadores de válvulas de vacío.

La electrónica acaba de cumplir 110 años; inició con el diodo de John Fleming en 1904 y el triodo de Lee de Forest, dos años después. El desarrollo de esta ciencia le ha dado un nivel de vida a la humanidad que nunca había soñado en sus miles de años de existencia. Nos ha permitido pasar de esos primeros radios a las minicomputadoras –en forma de teléfonos inteligentes o tabletas–, además ha permitido avances en la medicina, aeronáutica, los viajes espaciales, los satélites, y un sinfín de tecnologías modernas.

Al parecer, no existen límites en los desarrollos futuros de la electrónica. Por lo pronto disfrutemos y valoremos todo lo que nos proporciona, pero también recordemos a estos dos inventores que hicieron posible su nacimiento.

BIBLIOGRAFÍA

Lee De Forest., "The Audion, A New Receiver for Wireless Telegraphy", Proceedings of the AIEE, 735-766, Octubre (1906).

P. Delogne, "Lee de Forest, the Inventor of Electronics: A Tribute to be Paid", Proceedings of the IEEE, Vol. 86, 1878-1880, (1998).

James E. Brittain, "Electrical engineering hall of fame: John A. Fleming", Proceedings of the IEEE, Vol. 95, No. 1, enero 2007.

http://ethw.org/Lee_De_Forest

http://ethw.org/John_Fleming

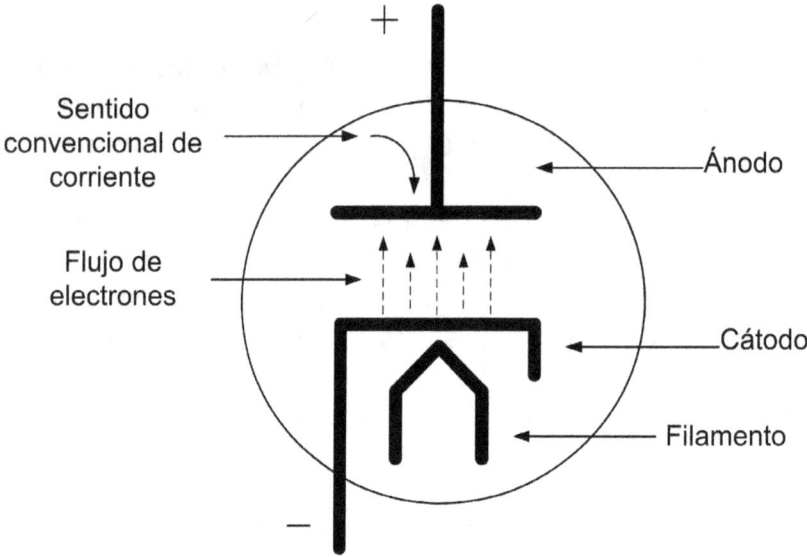

Fig. 16.1- Esquema del diodo.

Fig. 16.2- Primer diodo (Cortesía de IEEE).

Fig. 16.3- Sir John Ambrose Fleming (Cortesía de IEEE).

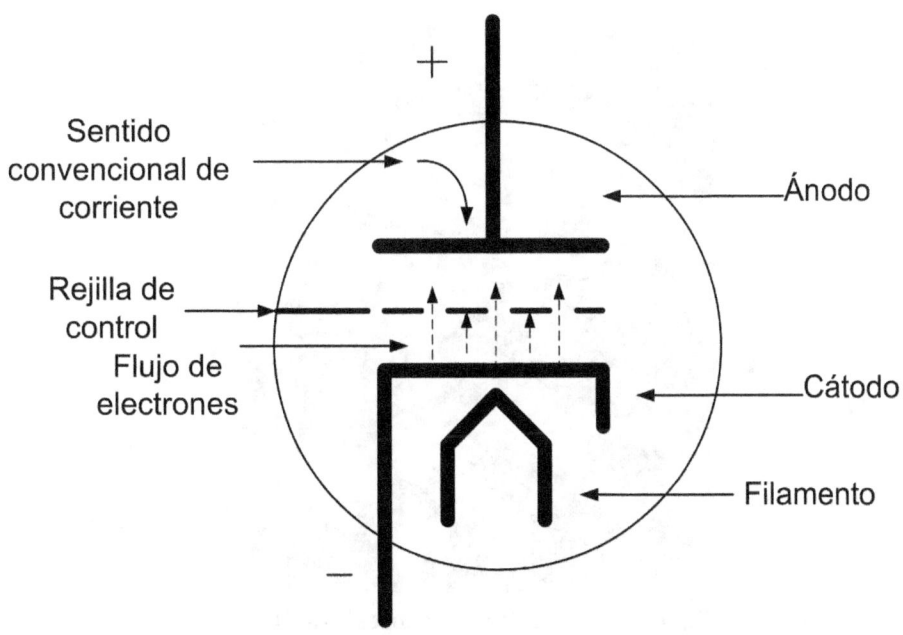

Fig. 16.4- Esquema del triodo.

Fig. 16.5- Triodo (Cortesía de IEEE).

Fig. 16.6- Lee de Forest (Cortesía de IEEE).

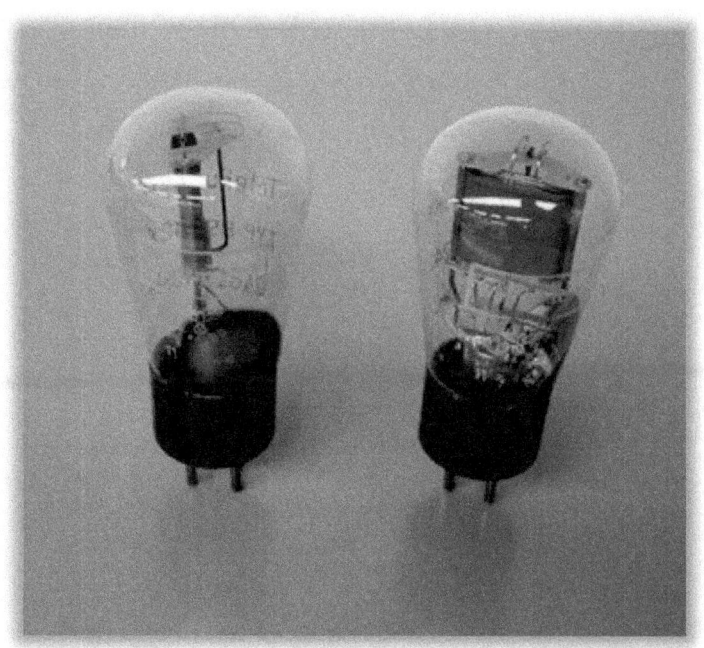

Fig. 16.7- Válvulas de vacío (Cortesía de IEEE).

17. LOS TEOREMAS ELÉCTRICOS

Tal como lo hemos comentado en colaboraciones anteriores, el siglo XIX vio nacer, entre otras ramas del saber, a la ingeniería eléctrica. Los principios sobre los que operan los circuitos eléctricos fueron establecidos por Georg Ohm y Gustav Kirchhoff. Sin embargo, la segunda mitad del siglo XIX y la primera del siglo XX traerían consigo el desarrollo de los principales teoremas de circuitos eléctricos: Thévenin, Norton y Superposición (curiosamente, en ninguno de estos se le da el crédito al verdadero autor).

Del pronunciamiento de estos teoremas y de las personas que los desarrollaron hablaremos en este capítulo.

EL CIENTÍFICO UNIVERSAL

Hermann von Helmholtz nació el 31 de agosto de 1821 en Postdam, Alemania. A los 17 años ingresó a estudiar medicina, en Berlín, con el fin de ejercer como médico militar. Se decidió por esta carrera debido a que podía estudiarla sin costo, pero a cambio debía servir ocho años en el ejército. Durante su trabajo en un hospital inició, en paralelo, sus investigaciones en electrofisiología, ciencia en la cual realizó valiosas aportaciones.

Helmholtz es considerado uno de los últimos grandes científicos universales. Aunque sus inicios fueron en la ciencia de la electrofisiología, su labor no se restringió a este campo, ya que además, mejoró el concepto de conservación de la energía, inventó el oftalmoscopio, y realizó diversos trabajos en óptica, acústica, dinámica, electromagnetismo y filosofía

En 1853 Helmholtz ocupaba el puesto de profesor en la Universidad de Königsberg, en la ciudad del mismo nombre, en Prusia (hoy Kaliningrado, Rusia). En ese año publica el artículo "Algunas leyes concernientes a la distribución de corrientes eléctricas en conductores con aplicaciones a experimentos en electricidad animal" (original en alemán).

En este artículo enuncia, basado en las leyes de Ohm y Kirchhoff, el principio de superposición y el famoso teorema conocido ahora como "Teorema de Thévenin (desarrollado por Helmholtz cuatro años antes de que se naciera Thévenin).

Estos dos principios resultaron primordiales para el análisis de los circuitos eléctricos. Sin embargo, el nombre del científico que los enunció no ha perdurado en el ambiente académico. Al principio de superposición no se le agregó el nombre de su creador, mientras que su teorema le fue adjudicado a otro ingeniero. La razón posible es que su trabajo fue poco conocido por los ingenieros electricistas y en realidad estaba enfocado a la electrofisiología.

Helmholtz fue profesor en Bonn, Heildelberg y Berlín, además de Könisberg. Entre sus alumnos destacados podemos mencionar a Heinrich Hertz. Hermann von Helmholtz falleció el 8 de septiembre de 1894.

EL FRANCÉS

León Charles Thévenin nació en Meaux, Francia, el 30 de marzo de 1857. Fue un alumno distinguido en la Escuela Politécnica, donde se graduó en 1876. Dos años después se unió al cuerpo de ingenieros telegrafistas –el cual dejó hasta su retiro, en 1914–. Fue una persona muy importante en el tendido de las líneas de telégrafo y teléfono en Francia, para lo cual estableció los estándares correspondientes.

Además de su labor como ingeniero, Thévenin dedicaba una gran parte de su tiempo a la enseñanza –fue un profesor reconocido por su excelencia en ingeniería y matemáticas–. A la par de su labor como docente, se dedicó a investigar los trabajos desarrollados por Georg Ohm y Gustav Kirchhof, y en 1883 enunció el teorema que lleva su nombre.

Como ya hemos comentado, este teorema había sido enunciado por Helmholtz treinta años antes. Debemos comentar que Thévenin no conocía el trabajo desarrollado por Helmholtz. El artículo fue enviado a la Academia de Ciencias, pero fue rechazado y le contestaron que su planteamiento estaba equivocado.

Thévenin sometió su teorema a la revisión de otros científicos, y se creó una controversia sobre si era correcto o no. Parece ser que finalmente fue aceptado, y años después, Thévenin se enteró de que su teorema era famoso en todo el mundo y muchos ingenieros eléctricos lo utilizaban en distintas aplicaciones.

Thévenin era recordado como un ingeniero sumamente capaz, trabajador, y con elevados principios morales; era una persona muy estricta pero con buen corazón. Se mantuvo soltero toda su vida, aunque compartía su casa con una prima viuda y adoptó a sus hijas. Era una violinista talentoso y uno de sus pasatiempos favoritos era la pesca, para lo cual adquirió un bote con el que navegaba en el río Marne (sus alumnos lo llamaban "el almirante").

Vivió toda su vida en la finca de su familia, en Meaux, y viajaba todos los días a París, para cumplir con su trabajo. El Teorema de Thévenin es reconocido en el mundo de la ingeniería eléctrica como una de las grandes aportaciones para la solución de circuitos. León Charles Thévenin falleció el 21 de septiembre de 1926, en París. Su última voluntad fue que sólo los familiares más cercanos acudieran a su funeral, y en su tumba únicamente le dejaran una rosa de su propio jardín.

EL ALEMÁN

Hans Ferdinand Mayer nació el 23 de octubre de 1895, en Pforzheim, Alemania. Fue herido en una pierna durante la Primera Guerra Mundial y al término de ésta, ingresó a la Universidad de Heidelberg, donde fue asistente de Philipp Lenard –Premio Nobel de Física en 1905–. En 1920 obtuvo el grado de doctor. En 1922 ingresó a laborar en Siemens, donde fue director del laboratorio de investigación. Excepto por unos periodos antes y después de la Segunda Guerra Mundial, trabajó toda su vida profesional en esta empresa.

Los trabajos desarrollados por Helmholtz y Thévenin se referían a circuitos con fuentes de voltaje; en 1926 Mayer enunció un teorema similar, pero aplicable a los circuitos con fuentes de corriente. Sin embargo, el artículo en el cual se enuncia su trabajo pasó prácticamente desapercibido y su teorema, en lugar de llevar su nombre, ha sido conocido como el "Teorema de Norton".

Mayer ayudó secretamente a los británicos durante la Segunda Guerra Mundial. Debido a que era un alto directivo de Siemens, podía desplazarse por toda Europa sin ningún problema, por lo que aprovechaba para pasarles secretos tecnológicos nazis a los Aliados. Esto lo hacía de forma anónima y sólo era conocido como la "persona Oslo", debido a un importante documento que les había dejado en la embajada británica de esa ciudad de Noruega. Hasta después de la guerra se reveló su identidad, pero Mayer solicitó que no se divulgara hasta que su esposa falleciera, por lo que salió a la luz pública hasta 1977.

Aunque su trabajo de espía nunca fue conocido por los nazis, Mayer fue arrestado en 1943 por escuchar en la radio la BBC de Londres y hablar en contra del régimen nazi. Se salvó de ser ejecutado gracias a la intervención de su tutor, Lenard –quien por cierto era partidario de los nazis y antisemita–. Sin embargo, fue enviado a campos de concentración, donde permaneció hasta el fin de la guerra.

Al finalizar la Segunda Guerra Mundial, Mayer se trasladó a los Estados Unidos, y fue profesor de ingeniería eléctrica en la Universidad de Cornell. Unos años después, cuando se estableció la República Federal de Alemania, regresó a trabajar a Siemens, en Múnich. Hans Ferdinand Mayer falleció el 16 de octubre de 1980, en Múnich.

EL AMERICANO

Edward Larry Norton nació el 29 de julio de 1898, en Rockland, Maine, Estados Unidos. Obtuvo el título de ingeniero electricista en el prestigiado Instituto Tecnológico de Massachussets (MIT, por sus siglas en inglés), en 1920, y de maestro en ingeniería eléctrica en la Universidad de Columbia, en 1922. Desarrolló toda su carrera profesional en los Laboratorios Bell.

Norton sólo publicó tres artículos en 41 años de vida profesional, y en ninguno de ellos menciona el teorema que lleva su nombre. Escribió 92 reportes técnicos y es en uno de éstos en el que enuncia un teorema similar al expresado por Mayer, el cual escribió en 1926 (sin tener noticia del trabajo desarrollado por éste último).

Al parecer, a Norton no le gustaba la fama y prefería hacer todo sin publicidad. Sin embargo, fue un ingeniero reconocido por su extraordinaria capacidad, por ingenieros de la talla de Bode y Darlington.

No se sabe a ciencia cierta porqué se asoció el nombre de Norton al teorema sobre fuentes de corriente y no el de Mayer. Quizás sus colegas del MIT comenzaron a incluirlo en los libros de texto (Mayer había publicado su teorema en una revista alemana poco conocida).

Edward Norton falleció el 28 de enero de 1983 en Chatham, Nueva Jersey, Estados Unidos de América.

EL LEGADO

Como sucede algunas veces con los descubrimientos científicos, estos no son adjudicados a su verdadero creador. Deberíamos llamar al Teorema de Superposición como el "Teorema de Helmholtz", al del Thévenin como el "Teorema de Helmholtz-Thévenin", mientras que el de Norton debe ser bautizado nuevamente como el "Teorema de Mayer-Norton".

Queda aquí el reconocimiento a estos cuatro ingenieros eléctricos, quienes sentaron las bases para el análisis de circuitos, y su estudio en todas las universidades del mundo.

BIBLIOGRAFÍA

Don H. Johnson, "Origins of the equivalent circuit concept: the voltage-source equivalente", Proceedings of the IEEE, Vol. 91, No. 4, abril 2003.

Don H. Johnson, "Origins of the equivalent circuit concept: the current-source equivalente", Proceedings of the IEEE, Vol. 91, No. 5, mayo 2003.

James E. Brittain, "Thevenin´s theorem", IEEE Spectrum, marzo 1990.

http://plato.stanford.edu/entries/hermann-helmholtz/

http://www.ecured.cu/index.php/Hermann_Ludwig_Ferdinand_von_Helmholtz

Fig. 17.1- Hermann Von Helmholtz.

Fig. 17.2- León Charles Thévenin.

Fig. 17.3- Hanz Ferdinand Mayer (Cortesía de IEEE).

Fig. 17.4- Edward Lawry Norton (Cortesía de IEEE).

18. LAS IMÁGENES EN EL AIRE

El episodio final de la serie de televisión "M*A*S*H" se transmitió el 17 de septiembre de 1972. Ha sido el programa más visto en la historia de la televisión de los Estados Unidos, con una audiencia de 125 millones de televidentes. Esto marcó quizás el punto culminante del poder televisivo, antes de que surgieran las formas digitales de entretenimiento.

La televisión constituye uno de los ejemplos más visibles de las contribuciones que realizaron los ingenieros en todo el mundo durante el siglo XX. Su progreso se debe a varios desarrollos, por lo que no puede considerarse como el invento de una sola persona.

Al disfrutar de los modernos televisores de alta definición, resulta difícil pensar que los primeros equipos eran electromecánicos, inventados antes del desarrollo de la electrónica. Como inicio de este capítulo comentaremos sobre los ingenieros Paul Nipkow y John Baird, quienes contribuyeron a los primeros avances en la televisión.

ANTECEDENTES

Poco después de que se establecieron las comunicaciones por telégrafo, varios ingenieros y científicos comenzaron a pensar en la forma de transmitir imágenes. En 1862, Abbe Casselli transmitió en Francia un dibujo a través de una línea de telégrafo. Su sistema consistía en enviar –de forma muy lenta– impulsos eléctricos que representaban pequeñas partes del dibujo (se puede decir que fue un antecesor del fax).

En 1873 un telegrafista irlandés, Joseph May, descubrió que el selenio variaba su resistencia eléctrica si se exponía a la luz. Con base en este descubrimiento varios ingenieros desarrollaron un sistema que consistía en colocar varias celdas de selenio, las cuales variaban la corriente eléctrica en un circuito dependiendo de la luz que incidía sobre cada una de ellas.

Estos sistemas fracasaron debido a dos razones: la intensidad de luz y el calor que se generaba en el cuarto donde se tomaba la imagen y el hecho de que las señales que generaba cada celda de selenio se tenía que enviar por separado.

EL ALEMÁN

Paul Nipkow nació el 22 de agosto de 1860 en Lauenburg, Pomerania (hoy Polonia). Estudia telefonía en la Escuela Técnica de Neustadt, Prusia Occidental, y posteriormente se traslada a Berlín a estudiar ciencias. Es ahí donde estudia óptica con Hermann Von Helmhotz.

En la Nochebuena de 1883, mientras se encontraba solo en su casa, Nipkow tuvo la idea de utilizar un disco con orificios en espiral para escanear una figura iluminada, además de celdas de selenio. Los impulsos eléctricos resultantes al girar el disco con un motor eléctrico podían ser transmitidos a través de un solo alambre. Nipkow llamó a su invento "telescopio eléctrico", aunque con el tiempo fue conocido como "disco de Nipkow".

El 15 de enero de 1885 se le otorgó la patente –retroactiva al 6 de enero de 1884– por su invento, en Berlín (como anécdota podemos anotar que el dinero para la solicitud de la patente le fue prestado por su futura esposa). Sin embargo, Nipkow no pudo implementarlo y la patente expiró quince años después.

Poco después aceptó un puesto como diseñador en un instituto de Berlín, y ya no trabajó en mejoras a su invento. El primer sistema de televisión utilizó un sistema electromecánico basado en disco de Nipkow. Con el arribo de los nazis al poder en Alemania, y como parte de su propaganda, se encargaron de proclamar a la televisión como un invento alemán. Nipkow fue nombrado presidente honorario del Consejo de la Televisión del Tercer Reich.

Nipkow fue un inventor adelantado a su época, ya que debemos anotar que su invento lo desarrolló sin tener lámparas adecuadas, celdas fotoeléctricas de silicio, o tubos de rayos catódicos, además de que no existían las válvulas de vacío. Paul Nipkow falleció el 24 de agosto de 1940, en Berlín. Por orden del Gobierno alemán tuvo un funeral de estado.

EL ESCOCÉS

John Logie Baird nació el 13 de agosto de 1888 en Helensburgh, Escocia. Hijo del reverendo John Baird y Jessie Morrison. Desde muy joven dio muestras de su ingenio cuando electrificó su casa, a los 14 años, con equipos construidos por él mismo. Además, implementó una pequeña red telefónica para estar conectado con sus amigos. En 1903 se interesa por la transmisión de imágenes a distancia, después de leer un libro sobre las propiedades fotoeléctricas del selenio.

Ingresa al Royal Technical College de Glasgow (hoy Universidad de Strathclyde) donde estudia sobre óptica y mecánica. Se graduó en 1914, justo cuando inicia la Primera Guerra Mundial. Baird intenta enlistarse en el ejército pero debido a su estado de salud no es aceptado (fue un niño enfermizo y toda su vida tuvo una salud precaria).

Baird obtuvo un puesto en una compañía de energía eléctrica en Escocia, a la edad de 27 años, pero continuó con el desarrollo de inventos. En los años veinte emprendió varios negocios –la mayoría con malos resultados– entre los que podemos mencionar una importadora de miel australiana, venta de fertilizantes, limpiadores de pisos, fábrica de betún, e incluso una fábrica de jamón (en Trinidad).

A partir de 1923 se dedica al desarrollo de un equipo capaz de transmitir imágenes en movimiento, para lo cual utiliza el disco de Nipkow, pero aprovecha los recientes desarrollos de la radio para transmitir las imágenes de forma inalámbrica. En 1924 transmite imágenes de objetos y en 1925 realiza transmisiones de rostros. En 1926 realiza la primera transmisión de objetos en movimientos en la Royal Institution, en Londres.

Además, diseña el primer equipo receptor de la señal de televisión, bautizado como "televisor", el cual se pone a la venta al público en 1927. La British Broadcasting Corporation (BBC) realiza sus primeras transmisiones mediante el uso del sistema de Baird. Sin embargo, en 1937 la BBC abandona el uso de este sistema electromecánico para utilizar un sistema basado en los nacientes dispositivos electrónicos. A pesar de esto, Baird continuó con sus desarrollos relacionados con la televisión.

Baird se casó a los 43 años con la pianista sudafricana Margaret Albu, de 24 años, en Nueva York, con quien tuvo dos hijos. Su matrimonio fue muy feliz y estuvieron juntos hasta el día de su muerte. John Logie Baird falleció el 14 de junio de 1946, en su casa de Bexhill, Inglaterra. Sus restos descansan en Helensburgh, Escocia (donde se le considera el padre de la televisión).

EL LEGADO INICIAL

En 1900 el inventor ruso Constantin Perskyi acuñó el término "televisión", en la Exposición Mundial de París. Utilizó la palabra en griego "tele" (distancia) y la palabra en latín "visio" (visión). No es necesario recordar el impacto que tuvo la televisión, no sólo en el entretenimiento de los hogares, sino también en la forma de recibir las noticias y en la opinión pública.

Aunque los primeros desarrollos de Nipkow y Baird fueron desbancados con el nacimiento de la electrónica, es justo rendirles un tributo a estos dos inventores –y a los cientos de ingenieros que contribuyeron– ya que gracias a su idea de transmitir imágenes a distancia es que fue posible el nacimiento del medio de comunicación más importante que ha existido.

EL INMIGRANTE RUSO

A continuación comentaremos sobre los inicios de la televisión, con equipos que ya incluían dispositivos electrónicos. En particular, veremos la vida y obra de los dos principales creadores de este gran invento electrónico, que transformó por completo el concepto de entretenimiento en todo el mundo.

Vladimir Kosma Zworykin nació el 30 de julio de 1889 en Múrom, Rusia. Hijo de un operador de un buque de vapor de pasajeros en el río Oká. Su interés por la ingeniería eléctrica nació cuando observaba la forma como su padre podía controlar varios sistemas en su barco con sólo apretar un botón.

Zworykin estudió ingeniería eléctrica en el Instituto Tecnológico de San Petersburgo y obtuvo el grado en 1912. Es durante su carrera, y mientras trabaja con su profesor Boris Rosing, que tiene la idea de crear una cámara de video electrónica para la televisión.

En ese año viaja a París, a estudiar física en el Colegio de Francia, pero el estallido de la Primera Guerra Mundial, en 1914, lo hace regresar a Rusia para trabajar como oficial de radiocomunicaciones en el ejército. Debido a las condiciones políticas y sociales que se vivían en Rusia, Zworykin decide emigrar a los Estados Unidos de América –tal como lo hicieron cientos de intelectuales y científicos durante el siglo XX–, y acepta un empleo en el laboratorio de investigación de la compañía Westinghouse.

Además de trabajar, estudió el doctorado en la Universidad de Pittsburgh y obtuvo el grado en 1926 con la tesis "Estudio de las celdas fotoeléctricas y su perfeccionamiento". Muestra sus primeros inventos a los directivos de Westinghouse, pero no obtiene el apoyo que esperaba, por lo que se entrevista con David Sarnoff –otro inmigrante ruso–, director general de la compañía Radio Corporation of America (RCA), y comienza a trabajar con él en 1929.

Sarnoff solía recordar, entre risas, que cuando le preguntó a Zworykin cuánto necesitaba para desarrollar su sistema electrónico de televisión, éste le contestó que cien mil dólares –hay que aclarar que la RCA invirtió cuarenta millones antes de empezar a recibir ganancias por sus televisores–.

Después de trabajar durante diez años en los laboratorios de la compañía Victor Talking Machine Company (recientemente adquirida por RCA para formar RCA-Victor), en 1939 presenta su sistema de televisión basado en una cámara de video electrónica –que llamó "iconoscopio"– y en una pantalla electrónica ("cinescopio"). RCA inició la venta de televisores en ese mismo año, aunque hay que anotar que tardó varios años en ser popular. En 1947 existían doscientos cincuenta mil televisores en los Estados Unidos y para 1951 ya había ocho millones en los hogares estadounidenses.

La Segunda Guerra Mundial detuvo el desarrollo de la televisión durante varios años, pero cuando finalizó, la industria televisiva recibió un fuerte impulso para posicionarse como el medio de comunicación y entretenimiento favorito de la gente. Zworykin nunca aceptó el título de "padre de la televisión" ya que decía –con razón– que este invento era el resultado de las aportaciones de muchas personas en varios países.

Zworykin se casó con Tatiana Vasilieff en 1915, en Rusia, con quien emigró –junto con los dos hijos que tuvieron– a los Estados Unidos. Años después se divorció de ella y en 1951 se casó con la Dra. Katherine Polevitsky, especialista en bacteriología, a quien conocía desde varios años atrás (fue el segundo matrimonio para ambos, ya que ella era viuda).

Posteriormente, Zworykin se interesó en aplicaciones de la electrónica en la medicina y contribuyó al desarrollo del microscopio electrónico. Se mantuvo física y mentalmente activo hasta poco antes de su muerte. Vladimir Zworykin falleció el 29 de julio de 1982 –un día antes de cumplir 93 años–.

EL AMERICANO

Philo Taylor Farnsworth nació el 19 de agosto de 1906, en Utah, Estados Unidos de América. Sus padres eran granjeros mormones y conoció la electricidad hasta los 13 años. Cuando era niño realizó varias mejoras a la maquinaria que utilizaban en la granja. En cierta ocasión, mientras observaba desde el ático el patrón que dejaban las cortadoras de heno, tiene la idea de crear imágenes de televisión mediante el escaneo de imágenes en líneas horizontales.

En 1922, Farnsworth presentó su idea sobre un moderno sistema electrónico para transmitir imágenes a su profesor de química de la secundaria, Justin Tolman, a quien siempre reconoció como la persona que le inculcó su interés por la ciencia (años después, ese profesor serviría de testigo en la demanda de Farnsworth contra la compañía RCA, por la patente de la televisión electrónica).

Ingresó a la Universidad Brigham Young, sin embargo, no pudo terminar sus estudios ahí debido a la falta de recursos económicos. Continuó con su preparación de forma autodidacta y mediante cursos por correspondencia.

En 1926 se muda a San Francisco, California, y renta un departamento en el cual monta un pequeño laboratorio. Es ahí donde desarrolla el primer sistema de televisión, mediante una cámara de video, la cual llamó "el disector de imágenes", y obtuvo la patente en 1930.

Farnsworth sostuvo una batalla legal con RCA por la patente de la televisión electrónica, la cual duró varios años. Incluso, su profesor Tolman acudió a testificar a favor suyo –para lo cual mostró unos diagramas dibujados por él–. En 1939 la Corte falló a favor de Farnsworth, por lo que RCA estaba obligado a pagarle regalías por su invento.

Sin embargo, con el inicio de la Segunda Guerra Mundial el desarrollo de la televisión se detuvo varios años y, cuando se reinició la producción, las patentes de Farnsworth estaban a punto de expirar, por lo que no alcanzó a hacer fortuna con los pagos de regalías, además de que tuvo que vender su compañía.

Farnsworth sacrificó muchas cosas –entre ellas parte de su vida familiar–, y cuando se preguntó si había valido la pena cayó en una profunda depresión. Aunque casi al final de su vida tuvo un premio al ver la llegada del hombre a la Luna por televisión y saber que con su invento fue posible esa transmisión en vivo. Después de alejarse de la televisión se dedicó a realizar investigaciones sobre fusión nuclear y el radar, entre otros inventos.

Su esposa Emma (apodada "Pem"), con quien se casó en 1926, fue una persona muy importante en el nacimiento de la televisión, ya que además de que ayudaba en la fabricación de los tubos de las cámaras, dibujaba los diagramas de los equipos. Farnsworth solía decir que su invento lo desarrollaron entre los dos. Además, el rostro de Pem fue el primero que se transmitió por televisión.

La revista Time nombró a Farnsworth uno de los mayores inventores del siglo XX. Su hijo decía que tenía un romance con el electrón (el cual tuvo como resultado 150 patentes). Philo Farnsworth falleció de neumonía el 11 de marzo de 1971, en Utah. Su esposa le sobrevivió 35 años y murió en el 2006, a los 98 años.

FUNCIONAMIENTO

El funcionamiento del cinescopio de Zworykin se basa en un tubo de rayos catódicos –inventado por el ganador del Premio Nobel, Karl Ferdinand Braun, en 1897–, y consiste en disparar un haz de electrones sobre una pantalla cubierta de fósforo. Dependiendo de las características del rayo catódico, se iluminará la pantalla, con lo que se forma una imagen formada por pequeños puntos (pixeles).

EL LEGADO FINAL

Zworykin y Farnsworth sentían una gran tristeza al ver el giro que había tomado su invento, y los programas tan decadentes que transmitían desde los años sesenta las cadenas de televisión (si vieran lo que se transmite hoy, se volverían a morir), ya que ellos soñaban con una televisión que transmitiera educación, noticias y las bellas artes a cualquier persona.

La televisión se convirtió en el medio de comunicación y entretenimiento más importante, como ya lo comentamos. Aunque ha perdido fuerza debido a la aparición del internet, aún conserva su liderazgo. Es el resultado de las contribuciones de cientos de ingenieros durante décadas, pero este capítulo rinde homenaje a los más importantes, cuyo invento disfrutamos hasta el día de hoy.

BIBLIOGRAFÍA

http://www.bbc.co.uk/schools/primaryhistory/famouspeople/john_logie_baird/

http://www.elmundo.es/suplementos/magazine/2006/358/1154443830.html

http://digital.nls.uk/scientists/biographies/john-logie-baird/

http://ethw.org/Television

http://ethw.org/David_Sarnoff

http://ethw.org/Vladimir_Zworykin

http://ethw.org/Philo_T._Farnsworth

Fig. 18.1- John Logie Baird y su invento (Cortesía de IEEE).

Fig. 18.2- Vladimir Zworykin (Cortesía de IEEE).

Fig. 18.3- Philo Farnsworth (Cortesía de IEEE).

Fig. 18.4- Televisión de los años cincuenta (Cortesía de IEEE).

19. EL MEXICANO

Uno de los exiliados españoles que llegaron a México debido a la Guerra Civil recordaba la impresión que le causó nuestro país, y lo que más le impactó fue un detalle: el color. Algo muy cierto y que quizás nosotros no notamos, México está lleno de color –tanto en sentido literal como figurado–. Curiosamente, sería en un país con estas características donde se darían uno de los mayores avances en la transmisión de la televisión a color.

EL TAPATÍO

Guillermo González Camarena nació el 17 de febrero de 1917, en Guadalajara, México. Fue el menor de los ochos hijos del matrimonio formado por Arturo González y Sara Camarena. Cuando tenía dos años, toda la familia se mudó a la Ciudad de México.

Estudió en la Secundaria No. 3, en la Avenida Chapultepec; es aquí donde comienza a interesarse por la electricidad y la electrónica y construye un receptor de radio con un bulbo electrónico de deshecho, basado en un libro de radio que cae en sus manos.

En 1930 se inscribe en la Escuela de Ingenieros Mecánicos y Electricistas (hoy la Escuela Superior de Ingenieros Mecánicos y Electricistas, ESIME, la cual forma parte del Instituto Politécnico Nacional). Durante sus cursos conoce a los profesores Francisco Javier Stavoli y Miguel Fonseca, quienes realizan pruebas con un disco de Nipkow (base del sistema electromecánico de televisión, el cual comentamos anteriormente. A partir de estos experimentos surge su interés por la televisión.

LOS DESARROLLOS

En 1932 comienza a trabajar por las tardes, en la estación de radio XEDP de la Secretaría de Educación. Dos años después –ya con el puesto de operador de audio en esa estación–, solicita un kit de televisión a la empresa RCA-Victor de los Estados Unidos. Entre los dispositivos que recibe se encuentra el iconoscopio desarrollado por Vladimir Zworykin.

Los componentes que le hacían falta los consigue en las tiendas de artículos eléctricos del centro de la Ciudad de México, así como en los mercados de la Lagunilla y Tepito. Con todo esto construye su primera cámara de televisión, en 1939. Obviamente, todavía no había televisores, por lo que construye la primera con un osciloscopio –el cual producía imágenes de color verde–.

En esos años ya era una persona sumamente ocupada: por las mañanas acudía a clases, mientras que por las tardes laboraba en la estación de radio y, por las noches, desarrollaba sus inventos (en un laboratorio instalado en el sótano de la casa de sus padres).

Debido quizás a su primera televisión en color verde –solía decir, en broma, que su televisión no era en "blanco y negro", sino en "verde y negro"–, es que tiene la idea de transmitir las imágenes a color. En 1940 solicitó la patente del "Sistema tricromático de secuencia de campos", tanto en México, como en Estados Unidos.

En esa época recibió la visita de Lee de Forest, padre de la electrónica e inventor del triodo (de quien comentamos en capítulos anteriores). De Forest se lleva una grata impresión del trabajo realizado por González Camarena, lo felicita, y comenta que ve en él una gran esperanza de la técnica electrónica.

En 1949 instala un sistema de televisión a color en circuito cerrado, con la finalidad de ayudar a la enseñanza de la medicina, el cual se implementa posteriormente en la UNAM. Además, el Columbia College de Chicago le encarga la construcción de un sistema de este tipo, el cual entrega en 1950 –esta fue la primera vez que un equipo electrónico hecho en México se exportaba a los Estados Unidos–. Dicha escuela queda tan impresionada por éste y otros desarrollos de González Camarena, que le otorgan el título de doctor honoris causa en 1954.

XHGC

En 1946 realiza las primeras transmisiones de televisión a color en México. En 1950 comienza a instalar el equipo necesario para operar una estación de televisión: XHGC, "Canal Cinco". González Camarena pensó principalmente en los niños al crear este canal, ya que propuso que debía transmitir caricaturas por las tardes, dedicadas exclusivamente al público infantil –algo que continúa hasta el día de hoy–.

Además, González Camarena estaba muy interesado en que su invento sirviera para llevar educación a todos los rincones de México, en especial a los más pobres, por lo que colaboró con la SEP para la creación del sistema de Telesecundaria.

En 1962 mejoró su sistema de televisión a color y patentó el "Sistema bicolor simplificado", con lo cual resultaba más barato fabricar los televisores. A través de un convenio con la empresa Majestic, se inició la fabricación de televisores a color en México. En 1964 coordinó las transmisiones por televisión de los Juegos Olímpicos de Tokio. En 1965 presentó su nuevo sistema de transmisión de televisión a color en la Feria Mundial de Nueva York.

EL PADRE DE FAMILIA

Guillermo González Camarena contrajo nupcias con María Antonieta Becerra Acosta, en 1951. Conoció a su futura esposa cuando ella fue a la estación de radio a pedir autógrafos. El matrimonio González Becerra tuvo dos hijos: Guillermo y José Arturo. A pesar de sus múltiples ocupaciones que lo absorbían casi por completo, González Camarena dedicaba todos los fines de semana a su familia.

Además de ser un inventor de fama internacional, González Camarena era un excelente dibujante, tocaba música de jazz y componía canciones, además de que estudió el hipnotismo. Tenía un carácter afable y una conversación profunda y motivante –además de irónica, en ocasiones–. Solía trabajar con sus amigos en los proyectos hasta altas horas de la noche.

Al igual que otros inventores de la televisión, manifestó su tristeza al ver el giro que había tomado su invento, que él consideraba debía ser un medio para "entretener educando e instruyendo". Siempre solía despedirse de sus amigos con la frase "Que Dios te bendiga…".

EL FINAL

Guillermo González Camarena falleció el 18 de abril de 1965, en un accidente automovilístico, a la edad de 48 años. Su muerte significó una gran pérdida para el desarrollo de la televisión en México, ya que al no contar con un líder en este campo, se adoptaron sistemas desarrollados en otros países.

Hay que anotar que González Camarena no fue el único que desarrolló la televisión a color, pero queda aquí el reconocimiento a este gran inventor mexicano, quien realizó importantes contribuciones a la televisión a nivel mundial. Todo esto, a partir de los pequeños desarrollos hechos por un niño de secundaria, que conseguía material de desecho en los mercados.

BIBLIOGRAFÍA

http://www.televisa.com/memorias-televisa/anecdotario/edicion-1/594142/semblanza-guillermo-gonzalez-camarena/

http://www.uam.mx/e_libros/biografias/GONZALEZ.pdf

http://mexico.cnn.com/tecnologia/2011/02/17/google-homenajea-al-mexicano-guillermo-gonzalez-camarena

http://noticias.universia.net.mx/en-portada/noticia/2011/02/17/792313/nace-guillermo-gonzalez-camarena.html

Fig. 20.1- Guillermo González Camarena.

20. LA LUZ ELECTRÓNICA

En diciembre de 2014 los doctores Isamu Akasaki, Hiroshi Amano y Shuji Nakamura recibieron el Premio Nobel de Física, debido a la invención del diodo emisor de luz (LED, por sus siglas en inglés) azul. Con este desarrollo fue posible construir leds que emitan luz blanca, con lo que culminó una investigación de varias décadas.

De la invención de esta lámpara, la cual es considerada como "la lámpara definitiva", así como de sus inventores, hablaremos a continuación.

EL GENIO OLVIDADO

En febrero de 1907, Henry J. Round –un asistente de Guillermo Marconi y posteriormente su director de investigación– observó que un diodo fabricado de carburo de silicio emitía un brillo al paso de la corriente eléctrica. Este fenómeno, ahora conocido como electroluminiscencia consiste en que ciertos materiales semiconductores, al paso de electrones emiten fotones (partículas de luz). Round publicó una pequeña nota al respecto en una revista y su descubrimiento pasó prácticamente desapercibido.

Oleg Vladimirovich Losev nació el 10 de mayo de 1903 en Rusia. Sus padres formaban parte de la nobleza y del Ejército Imperial, por lo que después de la Revolución rusa su familia cayó en desgracia y él tuvo muy poco acceso a la educación. Losev trabajó como técnico en varios laboratorios de radio soviéticos y publicó 43 artículos en las más prestigiadas revistas rusas, británicas y alemanas; además, obtuvo 16 patentes, (todo esto sin ningún colaborador).

A mediados de los años veinte Losev descubrió –sin tener conocimiento del trabajo de Round– que un diodo rectificador, constituido por cristales de carburo de silicio, emitía luz al paso de la corriente eléctrica. Publicó su descubrimiento en una revista rusa y, posteriormente, en revistas británicas y alemanas. Este desarrollo se considera como el primer led.

Losev bautizó a su descubrimiento como "efecto fotoeléctrico inverso", y utilizó las teorías de Einstein para explicarlo. Incluso, de acuerdo a un colega suyo, Losev solicitó ayuda al gran físico para desarrollar la teoría de funcionamiento, pero nunca recibió respuesta.

A inicios de los años cuarenta, Losev descubrió que se podía desarrollar un dispositivo de cristales semiconductores, de tres terminales, similar a una válvula de vacío. Esto quizás era el primer transistor, pero nunca se sabrá, ya que Losev se encontraba en Leningrado (hoy San Petersburgo), sitiado por los nazis, durante la Segunda Guerra Mundial, y su artículo, dirigido a una revista, no pudo pasar las líneas enemigas.

Oleg Losev murió el 22 de enero de 1942, en Leningrado, a la edad de 38 años, víctima del hambre durante el sitio de esta ciudad. El nombre de este extraordinario científico, inventor del led, ha sido prácticamente olvidado –al menos en el mundo occidental– por la comunidad científica.

EL INVENTOR AMERICANO

Nick Holonyak nació el 3 de noviembre de 1928 en Zeigler, Illinois, Estados Unidos de América. Hijo de inmigrantes de la zona entre Ucrania y Polonia; su padre trabajaba en una mina de carbón, por lo que Holonyak tuvo una niñez muy precaria. Fue el primero de su familia en asistir a la escuela.

En 1946 ingresó a la Universidad de Illinois y en 1951, ya como estudiante de posgrado, es invitado por John Bardeen (uno de los inventores del transistor) a unirse a su grupo de investigación sobre cristales semiconductores. Después de obtener el grado de doctor, en 1954, comienza a trabajar en los Laboratorios Bell y, en 1957, se une a la General Electric.

Su trabajo se centra en el desarrollo de nuevos dispositivos electrónicos, como el rectificador controlado de silicio (SCR, por sus siglas en inglés). En conjunto con otro investigador –Dick Aldrich–, inventa un dispositivo llamado TRIAC, el cual ha sido muy utilizado en los controles de iluminación (dimmers) y los electrodomésticos.

A mediados de 1962 existían varios científicos que investigaban el desarrollo de leds, entre ellos Nick Holonyak. Se trabajaba principalmente en el desarrollo de un led infrarrojo (fuera del espectro visible por el ojo humano), pero Holonyak dedicó sus esfuerzos a implementar un led de luz roja.

Para lograr lo anterior trabajó en nuevas aleaciones de cristales, aunque sus colegas le decían que si fuera un ingeniero químico y no uno eléctrico, sabría que era imposible fabricar dichas aleaciones. Afortunadamente, Holonyak no los tomó en cuenta, y el 10 de octubre de 1962 observó la luz roja que emitía su led.

LA NUEVA LUZ

El led es una lámpara con un gran número de ventajas y ninguna desventaja (excepto el precio, por el momento). Es robusto, eficiente, compacto, emite más luz que otras lámparas a la misma potencia y consume menos energía eléctrica, además de que tiene una vida útil mucho mayor y no deja residuos tóxicos.

Si consideramos que alrededor de la cuarta parte de la energía eléctrica que se produce en el mundo se consume en iluminación, podremos ver la importancia que tiene y tendrá en el futuro, este nuevo tipo de lámpara. Con la llegada del led azul, como lo comentamos al inicio, es posible emitir luz blanca (con la combinación de rojo, verde y azul), por lo que ya se puede cubrir toda la gama de colores.

Entre sus aplicaciones podemos mencionar la iluminación de casas y edificios, semáforos, coches (en especial la luz roja del freno), televisiones, controles remotos, displays de computadoras, indicadores de estado de casi todos los equipos electrónicos, lámparas de mano, iluminación de túneles y carreteras (con la ventaja de que casi no requieren mantenimiento), y hasta los zapatos y ropa de los niños.

EL LEGADO

Aunque sus nombres han quedado casi en el olvido, es justo reconocer a Henry J. Round por el descubrimiento de este fenómeno con el cual es posible emitir luz al paso de la corriente eléctrica. Especialmente, hay que recordar y dar el crédito que merece a Oleg Losev por el desarrollo del primer led, sobre todo, por las circunstancias tan adversas que rodearon su vida.

El nombre de Nick Holonyak ha quedado para la historia como el inventor del led y su uso comercial a gran escala, además de otros inventos. Sin embargo, su mayor contribución ha sido la formación de ingenieros y doctores, quienes a su vez, han formado a miles de ingenieros en varios países.

En 1963 Nick Holonyak regresó a su Alma Máter y a la fecha continúa con su trabajo como profesor en el departamento de ingeniería eléctrica y computación, en la Universidad de Illinois en Urbana-Champaign.

BIBLIOGRAFÍA

http://www.nobelprize.org/nobel_prizes/physics/laureates/2014/popular-physicsprize2014.pdf

http://www.gelighting.com/LightingWeb/emea/news-and-media/news/First-LED-by-the-GE-engineer-Nick-Holonyak.jsp

Nikolay Zheludev, "The life and times of the LED – a 100 year-history", Nature Photonics, Vol. 1, abril 2007.

G. M. Craford, et al, "50th anniversary of the light emitting diode (LED): an ultimate lamp", Proceedings of the IEEE, Vol. 101, No. 10, octubre 2013.

Tekla S. Perry, "Red hot", IEEE Spectrum, junio 2003.

Fig. 20.1- Oleg Losev.

Fig. 20.2- Nick Holonyak.

21. LA LUZ FANTÁSTICA

Todos estamos familiarizados con la escena (en especial los jóvenes): el Caballero Jedi armado con su espada láser, dispuesto a preservar la paz y el orden en cualquier punto de la galaxia. Desde su aparición, hace cincuenta y cinco años, el láser ha cautivado la imaginación de muchas personas, en especial de los amantes de la ciencia ficción.

Aunque su aplicación en una espada es inviable –al menos por el momento– el láser es un elemento común en nuestra vida cotidiana: lo usamos en las cajas registradoras al momento de pagar, al escuchar un disco compacto, en las cirugías, telecomunicaciones y procesos industriales, entre otras aplicaciones. De este maravilloso invento y los científicos que lo llevaron a cabo, hablaremos en este capítulo.

EL VISIONARIO

Charles Hard Townes nació el 21 de julio de 1915, en Greenville, Carolina del Sur, Estados Unidos de América. Su padre era abogado, y poseía un rancho a las afueras de la ciudad. La casa estaba llena de libros, por lo que Townes creció entre las obras de Twain y Shakespeare, entre otros clásicos. A la edad de 10 años, su carta a Santa Claus contenía un pedido de herramientas y materiales para trabajar en madera y metal.

A los 16 años ingresa a la Universidad Furman, en donde se gradúa con honores en física y lenguas modernas, en 1935. Además de destacar en sus actividades académicas participa en la banda de música, el equipo de natación y el periódico escolar; completaba sus ingresos con asesorías y la venta de manzanas de su granja.

En 1937 obtiene el grado de maestro en ciencias en la Universidad Duke y en 1939 –a la edad de 24 años–, el doctorado en el Instituto Tecnológico de California. Ingresa a trabajar en los Laboratorios Bell, donde se interesa en el estudio y aplicación de las microondas.

EL MÁSER

Townes se integró como profesor a la Universidad de Columbia en 1948, y una mañana de abril de 1951, en Washington –a donde había asistido a impartir una conferencia–, salió a dar un paseo y se sentó en una banca del parque. En ese momento comenzó a pensar en la forma de crear un haz de microondas.

Aunque la teoría para estimular electrones había sido enunciada por Albert Einstein desde principios del siglo XX, no se había trabajado en su desarrollo. En esa mañana, sentado en una banca del parque, Townes concibió la forma de desarrollar una emisión estimulada de radiación, con el fin de crear un haz coherente de microondas.

Con la ayuda de varios alumnos de posgrado construye un dispositivo al que llamó MÁSER (acrónimo en inglés de amplificación de microondas por emisión estimulada de radiación). El siguiente paso era aplicar este proceso en un haz de luz, el cual propuso junto con su cuñado, el científico Arthur L. Schawlow. En 1957, un estudiante de posgrado de la Universidad de Columbia acuñó el término LÁSER (acrónimo en inglés de amplificación de luz por emisión estimulada de radiación). La carrera por desarrollar el primer láser había iniciado.

Townes estaba siempre en busca de nuevos retos, por lo que cambiaba cada cierto tiempo de lugar de trabajo, e investigaba en distintos campos. Poco antes de su fallecimiento realizaba investigaciones en astrofísica. En 1941 contrajo nupcias con Frances Brown, con quien tuvo cuatro hijas. En 1964 recibió el Premio Nobel de Física.

Townes era un cristiano devoto y pensaba que la ciencia y la religión son compatibles. Solía decir "la ciencia trata de entender cómo funciona el universo, mientras que la religión intenta explicar el propósito del universo. Ambas cuestiones deben estar relacionadas". Charles Hard Townes falleció el 27 de enero de 2015, a los 99 años, en California.

EL JOVEN INGENIERO

Theodore Harold Maiman nació el 11 de julio de 1927, en Los Ángeles, California. Su padre era un ingeniero en electrónica, por lo que introdujo a Maiman en esta ciencia. Creció en Denver, ya que su padre obtuvo un empleo en esa ciudad. A los 12 años comenzó a trabajar en un taller de reparaciones y a los 17 años –en contra de la voluntad de sus padres– se enlistó en el ejército, con el fin de pelear en la Segunda Guerra Mundial y fue aceptado en el programa de entrenamiento de radar y telecomunicaciones.

Al finalizar la guerra, ingresa a la Universidad de Colorado y posteriormente estudia la maestría y doctorado en la Universidad de Stanford, en la que presenta su tesis doctoral en 1955. Maiman se consideraba un investigador demasiado práctico para dedicarse a la vida académica, por lo que busca un empleo en la industria.

Ingresa a los Laboratorios Hughes, en Culver City, California, en el recién creado departamento de física atómica. Su primer trabajo consistió en mejorar las características de un máser que tenía el laboratorio, labor que cumple perfectamente al hacerlo mucho más compacto, ligero, barato y estable en su operación.

EL LÁSER

A raíz del desarrollo del máser, su aplicación a un haz de luz había desatado una carrera entre distintos laboratorios y grupos de investigación en los Estados Unidos. En esta carrera por desarrollar el primer láser todos los grupos contaron con millones de dólares de presupuesto, así como con los científicos más capacitados.

Sin embargo, a Maiman su jefe sólo le asignó –a regañadientes y con escepticismo– cincuenta mil dólares, un estudiante de maestría, Irnee D´Haenens, como asistente de medio tiempo y un plazo de nueve meses para desarrollar el láser. A pesar de todo esto, el 16 de mayo de 1960, Mainman y D´Haenens encendieron su prototipo basado en un tubo con un rubí y vieron proyectarse en la pared un haz de luz coherente roja.

Maiman reportó su invento en un artículo que envió a la revista Physical Review, pero fue rechazado, por lo que lo mandó a la prestigiada revista Nature, donde los editores sí vieron el impacto de dicho invento y lo publicaron.

Maiman recibió una gran cantidad de premios y reconocimientos durante su vida; aunque fue nominado tres veces al Premio Nobel, nunca lo obtuvo. Formó un matrimonio de 23 años con Kathleen, a quien conoció en un vuelo después de ser inducido al salón de la fama de inventores en Estados Unidos, en 1984. Theodore Harold Maiman falleció el 5 de mayo de 2007, en Vancouver, Canadá.

EL LEGADO

El desarrollo del láser también desató una serie de batallas legales por las patentes, la cuales duraron décadas. Posteriormente, una gran cantidad de científicos han trabajado en sus mejoras y aplicaciones. Una decena de científicos han recibido el Premio Nobel por investigaciones relacionadas con el láser.

El láser fue bautizado desde sus inicios como "una solución en busca de problemas", y se utiliza en múltiples aplicaciones, como laboratorios de investigación, astronomía, medicina, procesamiento de materiales, e incluso en mecánica cuántica.

Dejemos aquí el reconocimiento para Charles Townes y Theodore Maiman, los dos principales científicos que consiguieron desarrollar este invento que usamos todos los días (y nos permite soñar con aplicaciones futuras para preservar la paz en el Universo).

BIBLIOGRAFÍA

http://www.nasonline.org/publications/biographical-memoirs/memoir-pdfs/maiman-theodore.pdf

http://www.laserinventor.com/bio.html

http://www.washingtonpost.com/national/health-science/charles-h-townes-nobel-laureate-and-laser-pioneer-dies-at-99/2015/01/28/

http://www.nobelprize.org/nobel_prizes/physics/laureates/1964/townes-bio.html

Laura Galwin, Tim Lincoln, "A century of nature: twenty-one discoveries that change science and the world", University of Chicago Press, 2003.

http://www.nytimes.com/2015/01/29/us/charles-h-townes-physicist-who-helped-develop-lasers-dies-at-99.html

Fig. 21.1- Charles Hard Townes (Cortesía de IEEE).

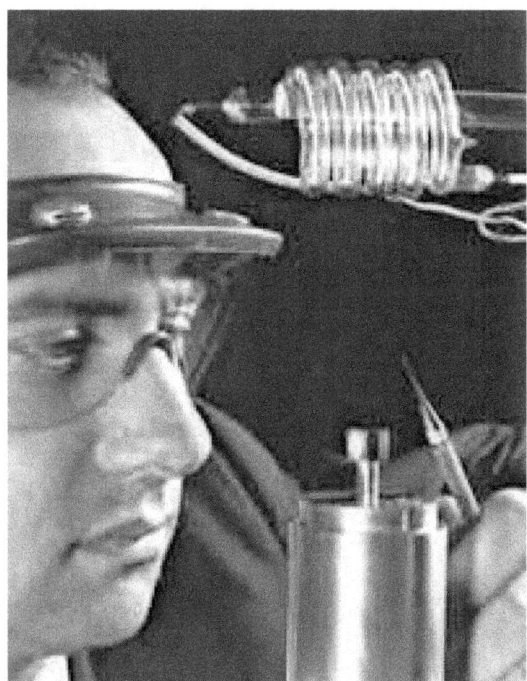
Fig. 21.2- Theodore Harold Maiman (Cortesía de IEEE).

22. LAS NUEVAS ENERGÍAS

Durante millones de años de existencia de vida en la Tierra los restos de los primeros seres vivos se fueron acumulando en el suelo, así como en el fondo marino, para ser cubiertos con el paso del tiempo. Después de un largo proceso de descomposición dichos restos se transformaron en carbón, petróleo, y gas natural.

Durante la Revolución industrial –hace doscientos años– los europeos descubrieron las propiedades de estos elementos, ya que con ellos era posible alimentar los hornos y las máquinas de vapor, con lo que se le dio un gran impulso a las fábricas, así como a los medios de transporte (trenes y buques de vapor). Posteriormente, se descubrió que podían utilizarse para generar electricidad.

El carbón, el petróleo y el gas natural reciben el nombre de combustibles fósiles, debido a que están constituidos por los restos fósiles de seres que vivieron hace mucho tiempo. Nuestra civilización emergió y funciona con base en la quema de los restos de seres que poblaron la tierra hace millones de años. Sin esta actividad no hubiera sido posible el desarrollo de la civilización actual. Sin embargo, hay que pagar un precio.

EL EFECTO INVERNADERO

Cuando se quema carbón, petróleo y gas natural, se libera carbono, el cual, al combinarse con una molécula de oxígeno forma un gas de efecto invernadero llamado dióxido de carbono. Si la Tierra reflejara toda la energía que recibe del Sol, su temperatura media sería de veinte grados bajo cero. Sin embargo, los gases de efecto invernadero permitieron la formación de una atmósfera, la cual evita que la radiación infrarroja que refleja la Tierra se vaya al espacio, permitiendo así el calentamiento de nuestro planeta.

Entonces un poco de efecto invernadero es bueno, pero desde la Revolución Industrial hemos arrojado a la atmósfera una gran cantidad de estos gases, con lo que la cantidad de radiación infrarroja que se queda en la Tierra es mucho mayor, lo que ocasiona su sobrecalentamiento. Además de agregar a la atmósfera dióxido de carbono, nos hemos dedicado a destruir un gran invento que nos proporcionó la naturaleza para absorber este gas: los árboles.

En el 2008, James Hansen, ex director del Instituto Goddard para Estudios del Espacio de la NASA, uno de los expertos en cambio climático, mostró la gravedad de la situación. Hansen determinó que el nivel máximo de dióxido de carbono en la atmósfera debe ser de 350 partes por millón (ppm), si queremos mantener un planeta en condiciones similares a las que permitieron el desarrollo de nuestra civilización.

El grave problema estriba en que hace tiempo que rebasamos ese límite: los valores actuales se encuentran en 400 ppm. Otro punto importante es que el dióxido de carbono se mantiene en la atmósfera durante más de un siglo, por lo que, incluso si en este momento cesáramos todas sus emisiones, el planeta continuaría su sobrecalentamiento hasta mediados de siglo XXII (no es difícil imaginar lo que sucederá si no hacemos nada al respecto).

Una parte muy importante de las emisiones de dióxido de carbono la constituyen las plantas de generación de energía eléctrica, las cuales, en su mayoría, basan su funcionamiento en la quema de carbón o gas natural (termoeléctricas). Actualmente, se realizan investigaciones científicas y desarrollos tecnológicos en todo el mundo con el fin de utilizar la energía que nos proporciona el sol, el viento, los mares y otros tipos de energías renovables con el fin de generar energías limpias, sin emisión de gases de efecto invernadero.

ENERGÍAS RENOVABLES

Se denomina energía renovable a aquella que se obtiene de fuentes naturales prácticamente inagotables, ya sea por la inmensa cantidad de energía que contienen o porque son capaces de regenerarse por medios naturales. La generación de energía eléctrica por estos medios ha alcanzado un gran nivel de desarrollo en las últimas décadas. Los principales tipos de energías renovables (además de las centrales hidroeléctricas) son las siguientes:

Las celdas fotovoltaicas son dispositivos capaces de convertir la luz solar en corriente eléctrica. Esto debido a que están constituidos por elementos que al ser incididos por fotones (partículas de luz) liberan electrones, generando corriente eléctrica. El sol es una fuente de energía que podemos considerar como inagotable, además de ser completamente limpia. Sin embargo, las desventajas de estos sistemas radican en su baja eficiencia –sólo un pequeño porcentaje de la energía recibida del sol se convierte en energía eléctrica– además de que, obviamente, su generación depende de las condiciones climáticas y de la hora del día.

Por otra parte, el viento es una fuente de energía que se ha utilizado desde hace siglos para distintas actividades, como bombear agua, moler grano, e impulsar barcos. Ahora es utilizado para mover gigantescos generadores eólicos con el fin de producir energía eléctrica de una forma limpia. Para fines del 2009 la capacidad de generación se encontraba en el dos por ciento de la energía eléctrica a nivel mundial. Los países líderes en este tipo de energía son los Estados Unidos, seguidos de China y Alemania. Sin embargo, sólo pueden instalarse en lugares donde la velocidad promedio del viento durante el año se encuentre por encima de ciertos valores.

Las celdas de combustible convierten la energía química en energía eléctrica. Mediante la combinación de moléculas de hidrógeno y oxígeno producen agua y en el proceso generan electricidad. El hidrógeno necesario puede obtenerse del agua mediante el proceso de electrólisis, o por otros medios y almacenado en tanques. Por lo tanto, es posible desarrollar un coche que no emita contaminantes. Los primeros prototipos se realizaron en los Estados Unidos para el proyecto Géminis de la NASA, en los años cincuenta, por la compañía General Electric. En la actualidad se desarrolla una gran investigación a nivel mundial en esta tecnología.

Existen otros tipos de generación de electricidad mediante energías renovables, tales como el aprovechamiento de la energía del mar (olas y mareas), la energía geotérmica, y pequeñas plantas hidroeléctricas en ríos. Cada una de ellas presenta ciertas ventajas y desventajas, por lo que no puede hablarse todavía de una forma de generación de energía limpia que pueda salvarnos por completo de un desastre ambiental.

Otro punto muy importante es que no sólo hay que encontrar nuevas formas de generación de energía eléctrica, sino que éstas sean competitivas y su costo de producción sea igual o menor al de la generación en las plantas termoeléctricas.

CONCLUSIÓN

El problema del calentamiento global es muy complejo e involucra muchos factores –de transporte, económicos, políticos, entre otros– y no sólo la generación de energía eléctrica. Sin embargo, este es un punto muy importante.

Nos encontramos ante una gran oportunidad de eliminar diferencias y barreras de intereses económicos y políticos, con el fin de encontrar una solución global, que involucre a todos los países.

De lo contrario, el desarrollo de la civilización sufrirá graves cambios, y quizás en un tiempo sea inviable la vida en nuestro planeta. En la búsqueda e implementación de las soluciones jugarán –una vez más– un papel muy importante los científicos y, obviamente, los ingenieros en todo el mundo.

El gran divulgador de la ciencia Carl Sagan (uno de los primeros científicos que abordó este problema) dijo alguna vez: "No nos metió en este apuro una sola nación, generación o industria, y no será una sola de ellas la que nos saque de él. Si queremos impedir que este peligro climático tenga efecto, deberemos trabajar juntos y por mucho tiempo".

Quizás existe una nueva forma de generar energía limpia que nadie ha visualizado, y dentro de cincuenta años la humanidad se asombrará de cómo era posible que nadie la viera (eso espero). Es más, es probable que alguno de los futuros ingenieros que estudian actualmente en las universidades sea quien la desarrolle.

BIBLIOGRAFÍA

http://www.nytimes.com/2012/09/23/technology/data-centers-waste-vast-amounts-of-energy-belying-industry-image.html

Subirta Chakraborty, et al, editores, "Power electronics for renewable and distributed energy systems", Springer, Nueva York, 2013.

Mark Z. Jacobson, Mark A. Delucchi, "A path to sustainable energy by 2030", Scientific American, noviembre 2009.

Ross Koningstein, David Fork, "Energy´s creative destruction", Spectrum, diciembre 2014.

L. M. Beard, et al, "Key technical challenges for the electric power industry and climate change", IEEE Transactions on Energy Conversion, Vol. 25, No. 2, junio 2010.

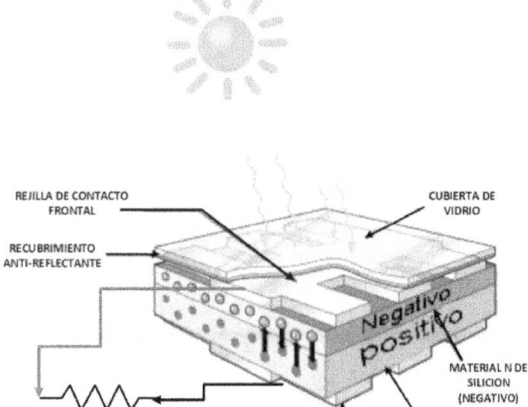

Fig. 22.1- Celda solar.

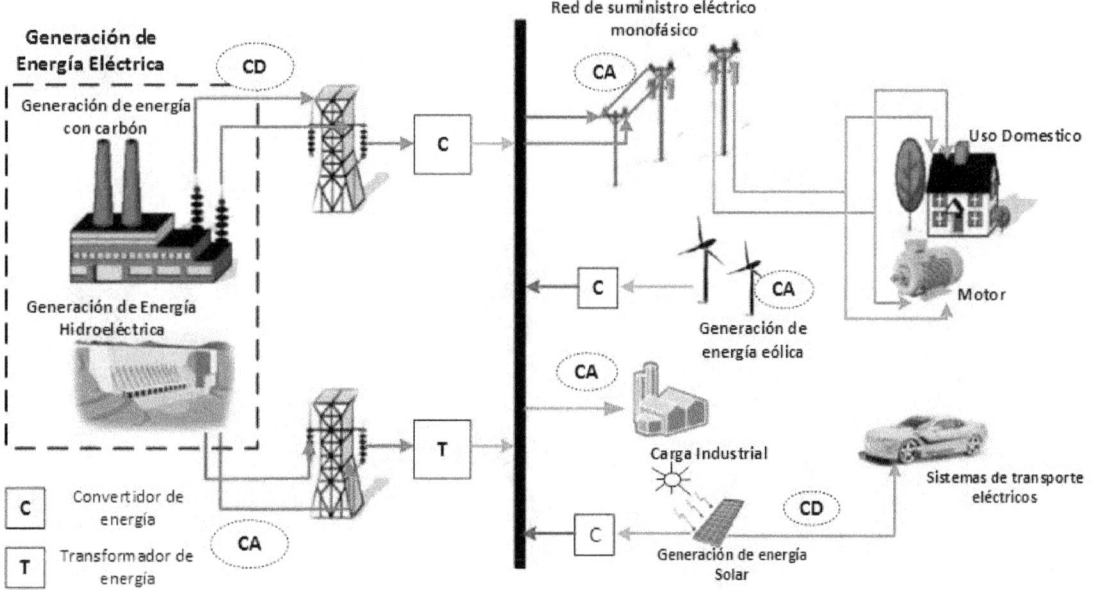

Fig. 22.2- Esquema de cogeneración.

23. LA OTRA ELECTRÓNICA

Si el lector se encuentra con la palabra "electrónica" seguramente pensará en computadoras, teléfonos celulares, televisiones, radios, consolas de videojuegos, entre otros equipos modernos (esto es, electrónica digital, comunicaciones, sistemas de audio y video, etc.). Sin embargo, existe otra rama de la electrónica la cual es muy importante, tanto en la vida diaria, como en el futuro de nuestra civilización. Esta área es la electrónica de potencia, de la cual trataremos a continuación.

INTRODUCCIÓN

Existen dos tipos de energía eléctrica: la corriente alterna (CA) y la corriente directa (CD). En esta última la corriente circula siempre en el mismo sentido, y el voltaje tiene una polaridad fija. En cambio, la CA presenta un voltaje que cambia de polaridad cada medio ciclo siguiendo una forma de onda sinusoidal, y su corriente va alternando su sentido cada medio ciclo.

La energía eléctrica se genera, transmite y distribuye principalmente en forma de CA, mediante el sistema implementado por Nikola Tesla y George Westinghouse a finales del siglo XIX. Sin embargo, prácticamente todos los aparatos electrónicos que utilizamos requieren CD, por lo que se necesita un equipo para convertir la CA en CD (esas pequeñas cajas que acompañan a los equipos electrónicos, y sirven para cargar la batería).

Además de este tipo de conversión, existen otros, ya que también es necesario convertir la CD de las baterías en CA, así como conversiones de CD a CD y de CA a CA. Obviamente, todos estos procesos de conversión se deben de realizar con la mayor eficiencia posible, esto es, con las menores pérdidas. Es aquí donde aparece la importancia de la electrónica de potencia.

DEFINICIÓN

De acuerdo a Muhammad Rashid, uno de los líderes mundiales en la investigación de este campo, la electrónica de potencia es "la aplicación de la electrónica de estado sólido para el control y conversión de la energía eléctrica". La diferencia principal de esta electrónica con los otros tipos que comentamos al inicio, es que trabaja con la conversión de energía, mientras que las demás trabajan con el procesamiento de señales.

El uso de la electrónica de potencia está cada vez más extendido, y está presente en todos los aparatos electrónicos que utilizamos día con día. Se han realizado estimaciones que muestran que, con el correcto uso de la electrónica de potencia, es posible ahorrar hasta un 30 % de la energía eléctrica que se genera a nivel mundial.

La electrónica dio inicio en 1904 con la invención del diodo, por parte de Sir John Ambrose Fleming. Posteriormente, aparecieron los dispositivos de estado sólido –compuestos por cristales de silicio– los cuales presentaron grandes ventajas respecto a las válvulas de vacío que se utilizaban al principio.

La electrónica de potencia moderna inicia en 1956 con el desarrollo, en la compañía General Electric, del rectificador controlado de silicio (SCR, por sus siglas en inglés), el cual había sido inventado en los Laboratorios Bell.

A partir de la invención del SCR se han desarrollado una gran cantidad de dispositivos, en los cuales se busca que operen cada vez a una mayor potencia y a una frecuencia más alta. Existen grupos de investigación de esta área en todo el mundo, concentrados en las principales universidades. Incluso, en algunos países como Inglaterra y Estados Unidos, se han formado grupos interdisciplinarios –con apoyo del Gobierno– para fomentar el desarrollo y aplicación de la electrónica de potencia.

APLICACIONES

En los últimos años se comenta mucho sobre la gran capacidad de procesamiento de los microprocesadores modernos, los cuales pueden realizar millones de operaciones por segundo. Sin embargo, poco se dice sobre la fuente de alimentación que requieren para funcionar. Los primeros microprocesadores consumían 10 W para su funcionamiento, pero a partir de la introducción del microprocesador Pentium la potencia demandada ha aumentado considerablemente, y los nuevos circuitos consumen alrededor de 100 W.

Para reducir el consumo de potencia, y por consiguiente la temperatura del circuito, la solución es bajar el voltaje utilizado, por lo que las nuevas fuentes de alimentación proporcionan voltajes menores a 1 V (a diferencia de los 5 V que utilizaban los primeros microprocesadores). El desarrollo de estas fuentes de alimentación es una aplicación de la electrónica de potencia.

Cada vez es más común ver a personas realizando la recarga eléctrica de su celular o tableta en restaurantes, terminales de autobuses, y aeropuertos. La carga y descarga de la batería se ha vuelto muy importante y, a la vez que se les pide un mayor tiempo de autonomía, se utilizan en equipos que realizan más funciones. Por lo tanto, el desarrollo de nuevos cargadores de baterías –más compactos y más eficientes– es un área muy importante, en la que también está involucrada la electrónica de potencia.

Últimamente se escucha a personas, en especial a los jóvenes, hablar de que ya no es necesario comprar memorias o discos duros, ya que todo se puede almacenar en "la nube". Sin embargo, no se ponen a pensar que esa nube es un sistema de almacenamiento inmenso que debe estar en algún lugar y que, por lo tanto, requiere un sistema de alimentación de energía eléctrica.

Los centros de bases de datos, o nubes, como los de Google, Facebook, Amazon, iTunes, entre otros, consumen el 2 % de la energía eléctrica en los Estados Unidos. El punto crítico de estos sistemas es que nunca pueden fallar (imaginemos la tragedia que ocurriría si alguien desea publicar su foto en Facebook y no está disponible). Por lo tanto, cuentan con sistemas de alimentación y respaldo excesivos, además del aire acondicionado. En el uso eficiente de la energía de estos sistemas es muy importante la electrónica de potencia.

El 9 de noviembre de 1965 ocurrió un corte de energía eléctrica (apagón) de grandes proporciones en la región noreste de Estados Unidos y, para esa época, ya existían los primeros procesos industriales controlados por computadora, lo que hizo que muchos de estos se detuvieran y generaran graves pérdidas económicas. Fue tan relevante dicho apagón que trascendió a la percepción popular a través de películas, libros, canciones y leyendas urbanas.

Esto dejó en claro que, por muy buena calidad que tuviera la red eléctrica, no podía llegar al nivel de confiabilidad que requieren ciertos equipos, por lo que era inaplazable el desarrollo de soluciones. Los sistemas de alimentación ininterrumpible (UPS, por sus siglas en inglés, también conocidos como "no break") sirven para este propósito y están constituidos por electrónica de potencia.

En el corazón del UPS se encuentra el inversor, para convertir la CD de la batería en CA con el fin de alimentar a los equipos. Los inversores se utilizan también en otras aplicaciones, como los sistemas fotovoltaicos (generación de energía eléctrica a partir de la luz solar). Para darnos una idea de la importancia de los inversores podemos comentar que en el 2014 Google lanzó una convocatoria a nivel mundial para el desarrollo de un inversor de muy alta eficiencia y compacto, para lo cual ofreció un premio de un millón de dólares.

Otra aplicación muy importante de la electrónica de potencia se encuentra en las energías renovables, con el fin de aprovechar al máximo la energía que entregan estos sistemas. También se encuentra presente en los modernos coches eléctricos, los cuales utilizan una batería, así como un motor eléctrico en lugar de uno de combustión interna.

La electrónica de potencia también está presente en los modernos sistemas de iluminación, que utilizan lámparas fluorescentes y leds (la iluminación consume casi el 20 % de la energía eléctrica a nivel mundial). Además, es muy importante en los sistemas aeronáuticos, espaciales, de aire acondicionado, así como en los procesos industriales.

CONCLUSIÓN

Como hemos comentado, existe un área de la electrónica, que aunque no es tan popular como otras, es muy importante y está presente en la vida diaria de todos nosotros. Además, juega un papel primordial en el desarrollo de los sistemas de energías renovables y, por lo tanto, en la disminución de gases de efecto invernadero.

En el futuro la electrónica de potencia será cada vez más importante, por lo que cuando cargue su laptop, vea su perfil de Facebook, encienda una lámpara de leds, utilice cualquier equipo electrónico, o piense en el cambio climático, recuerde que en todo esto juega un papel muy importante la electrónica de potencia.

BIBLIOGRAFÍA

Jill Jones, "Empires of light", Random House, Nueva York, 2003.

Muhammad Rashid, "Electrónica de potencia" 3ª Ed., Pearson, México, 2004.

Jelena Popovic-Gerber, et al, "Quantifying the value of power electronics in sustainable electrical energy systems", IEEE Transactions on power electronics, Vol. 26, No. 12, Diciembre 2012.

Adrian Ioinovici, "Power electronics and energy conversion systems", Vol. 1, John Wiley & Sons, United Kingdom, 2013.

Subirta Chakraborty, et al, editores, "Power electronics for renewable and distributed energy systems", Springer, Nueva York, 2013.

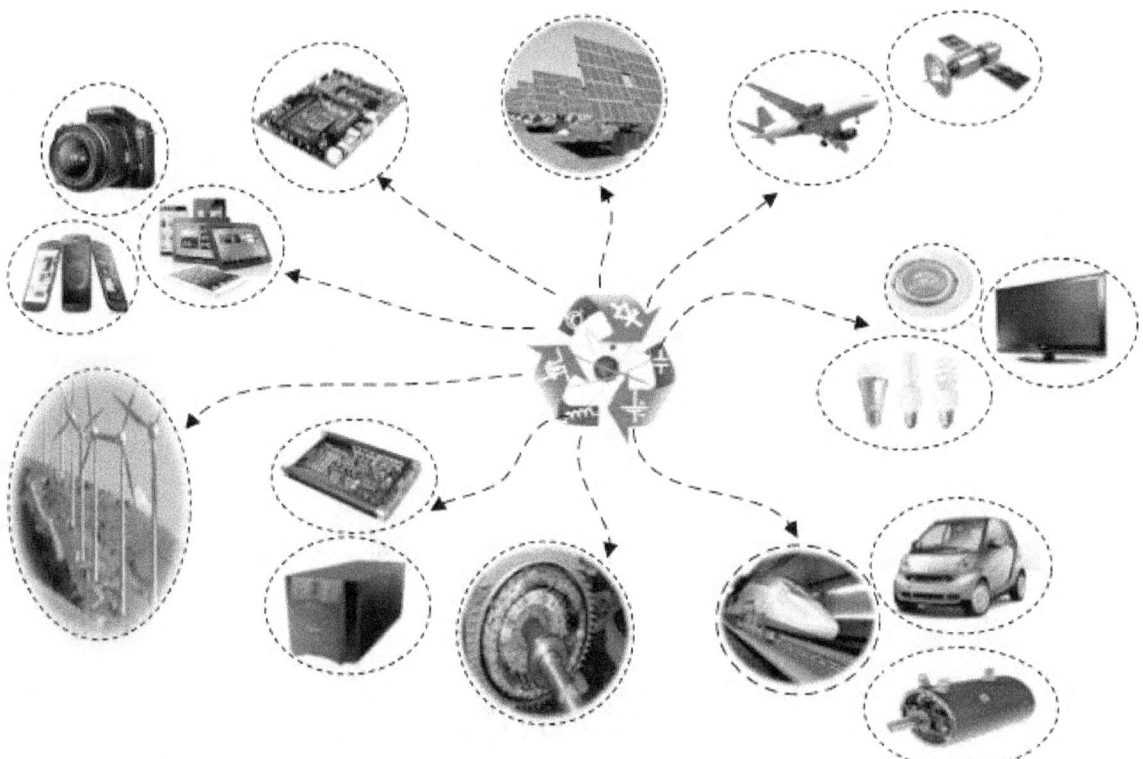

Fig. 23.1- Aplicaciones de la electrónica de potencia.

www.ingramcontent.com/pod-product-compliance
Lightning Source LLC
Chambersburg PA
CBHW081000170526
45158CB00010B/2852